KB172660

과학^{공화국}
지구^{법정}

9
바다 이야기

과학공화국 지구법정 9
바다 이야기

ⓒ 정완상, 2008

초판 1쇄 발행일 | 2008년 2월 18일
초판 16쇄 발행일 | 2023년 8월 1일

지은이 | 정완상
펴낸이 | 정은영
펴낸곳 | (주)자음과모음

출판등록 | 2001년 11월 28일 제2001-000259호
주소 | 10881 경기도 파주시 회동길 325-20
전화 | 편집부 (02)324-2347, 경영지원부 (02)325-6047
팩스 | 편집부 (02)324-2348, 경영지원부 (02)2648-1311
e-mail | jamoteen@jamobook.com

ISBN 978-89-544-1478-4 (04450)

과학공화국
지구법정

정완상(국립 경상대학교 교수) 지음

9
바다이야기

|주|자음과모음

생활 속에서 배우는 기상천외한 과학 수업

처음 법정 원고를 들고 출판사를 찾았던 때가 새삼스럽게 생각납니다. 당초 이렇게까지 장편 시리즈로 될 거라고는 상상도 못하고 단 한 권만이라도 생활 속의 과학 이야기를 재미있게 담은 책을 낼 수 있었으면 하는 마음이었습니다. 그런 소박한 마음에서 출발한 '과학공화국 법정 시리즈'는 과목별 10편까지 총 50권이라는 방대한 분량으로 제작되었습니다.

과학공화국! 물론 제가 만든 단어이긴 하지만 과학을 전공하고 과학을 사랑하는 한 사람으로서 너무나 멋진 이름입니다. 그리고 저는 이 공화국에서 벌어지는 황당한 사건들을 과학의 여러 분야와 연결시키려는 노력을 하였습니다.

매번 에피소드를 만들어 내려다 보니 머리에 쥐가 날 때도 한두 번이 아니었고 워낙 출판 일정이 빡빡하게 진행되는 관계로 이 시리즈를 집필하면서 솔직히 너무 힘들어, 적당한 권수에서 원고를 마칠까 하는 마음이 굴뚝같았습니다. 하지만 출판사에서는 이왕 시작한 시리즈이므로 각 과목마다 10편까지 총 50권으로 완성을 하자고 했고 저는 그 제안을 수락하게 되었습니다.

하지만 보람은 있었습니다. 교과서 과학의 내용을 생활 속 에피소드에 녹여 저 나름대로 재판을 하는 과정은 마치 제가 과학의 신이 된 듯 뿌듯하기도 했고, 상상의 나라인 과학공화국에서 즐거운 상상들을 마음껏 펼칠 수 있어서 좋았습니다.

과학공화국 시리즈 덕분에 저는 많은 초등학생과 학부모님들을 만나서 이야기를 나누었습니다. 그리고 그분들이 이 책을 재밌게 읽어 주고 과학을 점점 좋아하게 되는 모습을 지켜보며 좀 더 좋은 원고를 쓰고자 더욱 노력했습니다.

끝으로 이 책을 쓰는 데 도움을 준 (주)자음과모음의 강병철 사장님과 모든 식구들에게 감사를 드리며 주말도 없이 함께 일해 준 과학창작 동아리 'SCICOM'의 모든 식구들에게 감사를 드립니다.

진주에서

정완상

목차

이 책을 읽기 전에 생활 속에서 배우는 기상천외한 과학 수업 4
프롤로그 지구법정의 탄생 8

제1장 바다 지형에 관한 사건 11

지구법정 1 용오름 – 바닷물이 치솟다니
지구법정 2 바다의 이름 – 쪼잔해 사건
지구법정 3 바닷물 – 바닷물을 어떻게 먹어?
지구법정 4 대륙붕 – 바다를 메우면 땅이 넓어지잖아요?
지구법정 5 조금과 사리 – 물에 잠기는 가게를 분양하면 어떡해요?
지구법정 6 대륙 – 우리 섬도 대륙이야
지구법정 7 섬 – 우리 섬이 사라져요
지구법정 8 바다 지형 – 갯벌과 콘크리트
과학성적 끌어올리기

제2장 파도와 해류에 관한 사건 85

지구법정 9 파도① – 파도는 바람만이 만들까요?
지구법정 10 파도② – 인공 파도 사건
지구법정 11 파력 – 파도로 전기를?
지구법정 12 해류 – 해류의 방향이 바뀌다니요?
과학성적 끌어올리기

판사

지치 변호사

제3장 바다 속에 관한 사건 121

지구법정 13 잠수① – 줄을 너무 빨리 당기면 어떡해요?
지구법정 14 잠수② – 인간의 잠수 한계
지구법정 15 해저 지형 – 바다에도 산 있어요
지구법정 16 해저 생활 – 바다 속 의사소통
지구법정 17 바다 속 지형 – 바다 속에 웬 선상지
과학성적 끌어올리기

제4장 바다 속 생물에 관한 사건 171

지구법정 18 열수 – 열수에서는 물고기가 타 죽지 않나요?
지구법정 19 바다와 생물 – 인도양에 생물이 제일 많이 산다고요?
지구법정 20 고래 – 고래와 소음
지구법정 21 민물고기와 바닷고기 – 연어가 민물고기야? 바닷고기야?
지구법정 22 넙치 – 넙치가 어디 있어요?
과학성적 끌어올리기

에필로그 위대한 지구과학자가 되세요 230

어쓴 변호사

지구법정의 탄생

과학공화국이라고 부르는 나라가 있었다. 이 나라에는 과학을 좋아하는 사람이 모여 살고 인근에는 음악을 사랑하는 사람들이 살고 있는 뮤지오 왕국과 미술을 사랑하는 사람들이 사는 아티오 왕국 또는 공업을 장려하는 공업공화국 등 여러 나라가 있었다.

과학공화국은 다른 나라 사람들에 비해 과학을 좋아했지만 과학의 범위가 넓어 어떤 사람은 물리나 수학을 좋아하는 반면 또 어떤 사람은 지구과학을 좋아하기도 하고 그랬다.

특히 다른 모든 과학 중에서 자신들이 살고 있는 행성인 지구의 신비를 벗기는 지구과학의 경우 과학공화국의 명성에 맞지 않게 국민들의 수준이 그리 높은 편은 아니었다. 그리하여 지리공화국의 아이들과 과학공화국의 아이들이 지구에 관한 시험을 치르면 오히려 지리공화국 아이들의 점수가 더 높을 정도였다.

특히 최근 인터넷이 공화국 전체에 퍼지면서 게임에 중독된 과

학공화국 아이들의 과학 실력은 기준 이하로 떨어졌다. 그러다 보니 자연과학 과외나 학원이 성행하게 되었고 그런 와중에 아이들에게 엉터리 과학을 가르치는 무자격 교사들도 우후죽순 나타나기 시작했다.

지구과학은 지구의 모든 곳에서 만나게 되는데 과학공화국 국민들의 지구과학에 대한 이해가 떨어지면서 곳곳에서 지구과학 문제로 분쟁이 끊이지 않았다. 그리하여 과학공화국의 박과학 대통령은 장관들과 이 문제를 논의하기 위해 회의를 열었다.

"최근의 지구과학 분쟁을 어떻게 처리하면 좋겠소?"

대통령이 힘없이 말을 꺼냈다.

"헌법에 지구과학 부분을 좀 추가하면 어떨까요?"

법무부 장관이 자신 있게 말했다.

"좀 약하지 않을까?"

대통령이 못마땅한 듯이 대답했다.

"그럼 지구과학에 의해 판결을 내리는 새로운 법정을 만들면 어떨까요?"

지구부 장관이 말했다.

"바로 그거야. 과학공화국답게 그런 법정이 있어야지. 그래, 지구법정을 만들면 되는 거야. 그리고 그 법정에서의 판례들을 신문에 게재하면 사람들이 더 이상 다투지 않고 자신의 잘못을 인정할 수 있을 거야."

대통령은 입을 환하게 벌리고 흡족해했다.

"그럼 국회에서 새로운 지구과학법을 만들어야 하지 않습니까?"

법무부 장관이 약간 불만족스러운 듯한 표정으로 말했다.

"지구과학은 우리가 사는 지구와 태양계의 주변 행성에서 일어나는 자연 현상입니다. 따라서 누가 관찰하건 간에 같은 현상에 대해서는 같은 해석이 나오는 것이 지구과학입니다. 그러므로 지구과학 법정에서는 새로운 법을 만들 필요가 없습니다. 혹시 다른 은하에 대한 재판이라면 모를까……."

지구부 장관이 법무부 장관의 말을 반박했다.

"그래, 맞아."

대통령은 지구법정을 벌써 확정짓는 것 같았다. 이렇게 해서 과학공화국에는 지구과학에 의해 판결하는 지구법정이 만들어지게 되었다. 초대 지구법정의 판사는 지구과학에 대한 책을 많이 쓴 지구짱 박사가 맡게 되었다. 그리고 두 명의 변호사를 선발했는데 한 사람은 지구과학과를 졸업했지만 지구과학에 대해 그리 깊게 알지 못하는 지치라는 이름을 가진 40대였고 다른 한 변호사는 어릴 때부터 지구과학 경시대회에서 항상 대상을 받았던 지구과학 천재인 어쓰였다.

이렇게 해서 과학공화국의 사람들 사이에서 벌어지는 지구과학과 관련된 많은 사건들이 지구법정의 판결을 통해 깨끗하게 마무리될 수 있었다.

제1장

바다 지형에 관한 사건

용오름 – 바닷물이 치솟다니

바다의 이름 – 쪼잔해 사건

바닷물 – 바닷물을 어떻게 먹어?

대륙붕 – 바다를 메우면 땅이 넓어지잖아요?

조금과 사리 – 물에 잠기는 가게를 분양하면 어떡해요?

대륙 – 우리 섬도 대륙이야

섬 – 우리 섬이 사라져요

바다 지형 – 갯벌과 콘크리트

바닷물이 치솟다니

용오름 현상에 숨어 있는 과학적 원리는 무엇일까요?

해가 지는 노을을 등 뒤로 한 채 걷고 있는 세 명의 사람들이 있었다.

"오장법 형! 이번에는 또 어느 마을에서 돈을 모을 거야?"

"아니, 이놈의 정팔계가! 내 이름 뒤에 '사' 자를 붙이라고 몇 번을 말했어? 나는 '오장법'이 아니라 '오장법사'라니까!"

"후후, 웃기는 소리 하고 있네. 형이 무슨 법사야? 법사긴! 이름이 '오장법'이면서! 그나저나 육정이는 왜 저렇게 조용한 거지?"

"후후, 팔계! 언제 육정이가 말 많은 적 있었어? 육정이는 대답이나 제대로 하면 다행인 것 아냐?"

육정이는 팔계와 장법이의 대화에는 신경도 쓰지 않은 채 혼자 뽕망치로 자신의 몸 여기저기를 톡톡 치며 묵묵히 걷고 있었다.

"근데 장법이 형, 형은 우리 만나기 전에 뭐 했어?"

"나? 나 원래 공화국 날씨 예보관이었지. 그러는 팔계 넌 뭐 했는데?"

"나? 내가 뭐 했겠어? 정육점 했지! 후후."

"정육점? 그런데 왜 그만뒀어?"

"왜 그만뒀냐고? 돼지고기를 파는데 이상하게 한 쪽 마음이 아프더라고. 마치 내가 내 살을 파는 느낌이 드는 거야. 하하, 그래서 정육점 문을 닫고 며칠 쉬고 있는데 형이 내 앞에 나타난 거지. 근데 지금 우리 어디로 가는 거야?"

"후후, 거의 다 왔어. 우린 이제 정말 큰 부자가 될 거야!"

"어라, 여긴 바다 근처 마을이잖아? 이거 벌써 소금의 짠 냄새가 나는걸. 후후, 육정아! 우리 바다 근처 마을에 도착했어!!"

"……."

"팔계야! 육정이한테는 가까이 가서 크게 말해야지!!"

"육!정!아! 우리 이제 목적지에 도착했어!! 바다 근처 마을이야!!"

"뭐? 우리 이제 목욕 가야 한다고?"

"그게 아니고, 목적지에 도착했어!!! 바다 근처 마을이라고!!!"

"뭐? 목젖이 어떻다고?"

"어휴, 내가 말을 말자! 말을 말아!"

팔계는 잘 알아듣지 못하는 육정이 때문에 답답해서 속이 부글부글 끓었다.

"장법이 형, 이제 이 마을에서 어떻게 돈을 벌 건데?"

"팔계야! 넌 이제 나를 장법이 형이라고 부르면 안 돼! 이제부터 나를 '오장법사'라고 불러야 해! 우리의 전략이 성공하기 위해선 어쩔 수 없이! 그러고 나선……, 쑥덕쑥덕……."

장법은 팔계의 귀에 대고 자신의 계략을 말해 줬다.

"와, 장법이 형! 아차, 오장법사 님! 그럼 나랑 육정이는 시킨 대로 하면 되는 거지?"

"응! 육정이한테 얼른 설명해 줘!"

"육!정!아! 너랑 나는 마을로 가서……."

"팔계야, 그렇게 큰 소리로 말하면 어떡하니? 마을 사람들이 우리 계획을 다 듣겠다, 으이구!"

팔계는 최대한 육정이 귀에 바짝 대고 소곤거리며 설명하기 시작했다.

"육정아, 우리는 마을로 가서 장법이 형이 구세주라고 소문을 퍼트려야 해! 장법이 형을 믿지 않으면 며칠 후 바닷물이 하늘로 치솟을 거라고 동네방네, 구석구석 알리는 게 우리가 할 일이야!"

"뭐? 장법이 형이 구세군이라고? 그럼 자선냄비에 돈 넣어 줘야겠네. 냄비는 어딨어?"

"악!! 답답해! 형, 어쩌지?"

"휴……, 아, 그래! 글로 써서 보여 주면 되겠구나! 팔계야, 글로 써서 육정이에게 보여 줘!"

"오, 그거 정말 좋은 생각인걸!"

팔계가 자신들의 계획을 글로 써서 보여 주자 육정이는 단번에 알아들었다.

"그런데 형, 진짜 며칠 후에 바닷물이 치솟아? 안 치솟으면 어떡해?"

"후후, 그건 다 내가 알아서 할 테니까 너희는 내가 부탁한 대로만 해 주면 돼!"

팔계와 육정이는 마을로 내려가서 소문을 내기 시작했다.

"오장법사를 믿어라! 오장법사는 세상을 구원하러 온 구세주이다! 그를 믿지 않는다면 며칠 후 바닷물이 치솟게 될 것이다! 바닷물이 치솟는 것은 첫 번째 기적이다. 첫 번째 기적을 본 후에도 오장법사를 계속 믿지 않는다면 이 마을은 바닷물에 잠기게 될 것이다!"

팔계와 육정이가 마을로 내려가 소문을 퍼트린 지 이틀이 지나자 마을 사람들은 온통 이 얘기로 수군거렸다. 대부분의 사람들은 비웃으며 말했다.

"후후, 바닷물이 치솟긴 어떻게 치솟아? 자기가 정말 구세주인 줄 아나?"

그런데 며칠이 지난 뒤 정말 오장법사의 예언대로 바닷물이 치솟았다. 많은 마을 사람들이 바닷물이 치솟는 광경을 보았다. 팔계와 육정이도 자신의 눈을 비비며 놀라워하였다.

"후후, 봤느냐? 이것이 나의 힘이다! 모두들 나를 따르라!"

순진한 마을 사람들은 바닷물이 치솟는 것을 보자 오장법사를 두려워하며 떠받들기 시작했다.

"오장법사 님, 제가 가진 게 요 보리 두 섬밖에 없습니다. 이것으로 될까요?"

"오장법사 님, 소금 20포대를 바치러 왔습니다. 이것으로 될까요?"

마을 사람들은 자신의 재산을 가져와서 오장법사에게 바치기 시작했다.

"후후, 장법이 형, 이러다가 우리 재벌 되는 거 아냐? 그런데 도대체 바닷물을 어떻게 한 거야? 혹시 형 진짜 구세주인 것 아냐?"

"하하하, 팔계야! 장법이 형이 아니라 오장법사 님이라니까! 와, 쌓여 가는 재물 좀 봐! 히히."

그때 갑자기 경찰이 나타났다.

"오장법 씨! 당신을 사기죄로 지구법정에 고발하겠습니다."

"뭐? 뭐요? 아니야! 난 아니야!!!"

회전하고 있는 적란운 주위에 따뜻한 공기가 빨려 들어가면서 회전이 급격히 빨라지는데 이때 공기와 함께 바다의 물도 빨려 올라가면서 거대한 물기둥이 만들어집니다. 이것을 용오름이라고 합니다.

여기는 지구법정

바닷물이 어떻게 하늘로
솟아오를 수 있을까요?
지구법정에서 알아봅시다.

재판을 시작하겠습니다. 이번 재판에서는
바닷물을 치솟게 할 수 있는지 아니면 조
작인지에 대해서 논의하겠습니다. 먼저
지지 변호사 의견 말하세요.

바닷물이 어떻게 하늘로 솟아오릅니까? 그건 중력의 법칙에
어긋나는 거예요. 말도 안 되죠. 바다 속에 인공 분수를 만들
어 놓고 조작한 게 아닌가 의심됩니다.

어쓰 변호사 변론하세요.

용오름 연구소의 오르다 박사를 증인으로 요청합니다.

증인 요청을 받아들이겠습니다.

무스로 머리를 치켜세운 30대 남자가 증인석에 앉
았다.

바닷물이 위로 치솟을 수 있나요?

그것을 용오름 현상이라고 합니다.

그게 뭐죠?

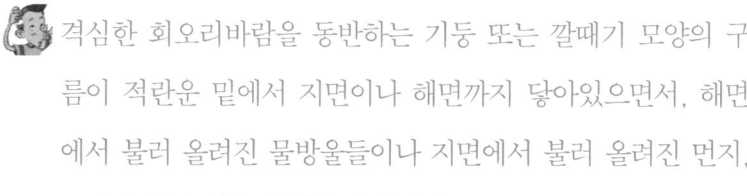

격심한 회오리바람을 동반하는 기둥 또는 깔때기 모양의 구름이 적란운 밑에서 지면이나 해면까지 닿아있으면서, 해면에서 불러 올려진 물방울들이나 지면에서 불러 올려진 먼지, 모래가 섞여 있는 현상을 말하지요.

어떤 모양이죠?

깔때기처럼 똑바로 서 있는 경우도 있고 용 허리처럼 구불구불 휘어 있을 때도 있어요. 이 모습이 꼭 용이 하늘로 승천하는 모양 같다고 해서 용오름이라 부르지요.

용오름은 왜 생기죠?

적란운 때문에 발생합니다. 적란운은 수직으로 발달한 구름으로, 따뜻한 공기를 머금은 구름을 말합니다. 이런 적란운이 바다 위에 생기면 따뜻한 공기가 위로 올라가면서 그 빈자리에 주위의 공기들이 빨려 들어오지요. 원래 공기는 빈 곳으로 이동하는 성질이 있으니까요. 이때 바다의 물도 빨려 올라가면서 거대한 물기둥이 만들어지는데 그것이 바로 용오름입니다.

정말 신기한 현상이군요. 그렇죠? 판사님.

그렇군요. 이로써 바닷물이 위로 치솟는 것이 과학적으로 가능하다는 결론을 얻었습니다. 하지만 이런 지식을 이용하여 사이비 종교를 퍼트린 오장법 일당은 일반 법정에서 사이비 종교 유포죄로 처벌 받아 마땅하다고 생각합니다. 이상으로

재판을 마치도록 하겠습니다.

재판이 끝난 후, 오장법 일당은 마을 사람들에 의해 마을에서 쫓겨났다. 주변 마을에도 오장법 일당의 사기에 대한 소문이 퍼져서 오장법 일당은 한동안 묵을 곳을 찾기 위해서 고생했다고 한다.

확산

기체 분자들이 밀도가 높은 곳에서 밀도가 낮은 곳으로 움직이는 성질을 말한다. 이러한 성질에 의해 공기가 없는 곳은 공기 밀도가 낮으므로 주위의 공기가 그곳으로 움직이게 된다.

쪼잔해 사건

바다의 이름은 어떻게 붙여지는 걸까요?

"콜럼버스!! 콜럼버스!!"

"이크! 나벨, 엄마가 부른다. 얼른 숨자, 숨어!"

콜럼버스와 나벨은 장난꾸러기 형제로 마을에서

아주 유명했다.

"아니, 콜럼버스랑 나벨은 도대체 어디 간 거야? 엄마 립스틱을

잔뜩 엉망으로 만들어 놓고는 도대체 어디 숨어 있는 거지? 잡히

기만 해 봐라! 아니지, 요것들이 또 어디 숨어서 나를 지켜보고 있

을지 몰라. 나벨! 콜럼버스! 엄마가 아주 맛있는 생크림 케이크 구

워 놨어. 얼른 나오렴~."

"후후, 누가 속을 줄 알고? 엄마는 우리가 바보인 줄 아시나 봐. 하하, 그치? 나벨!"

콜럼버스는 킥킥 웃으며 옆에 있는 나벨을 쳐다봤다. 하지만 옆자리는 텅 비어 있었다. 나벨은 어느새 엄마에게 뛰어가고 있었던 것이다.

"엄마, 진짜 생크림 케이크 구워 놨어? 나 얼른 먹고 싶어!!"

"너 어디 있었니? 형은 어디 있어?"

"저기 화장실 변기 뒤에 숨어 있어!"

듣고 있던 콜럼버스는 한숨을 쉬며 걸어 나왔다.

"나벨! 너 바보니? 엄마 말에 속다니!! 거기다 내가 어디 있는지 엄마한테 바로 쫑알쫑알 다 불어?"

콜럼버스는 나벨의 머리를 띠용~, 혹이 생길 정도로 쥐어박았다. 순간 나벨의 머리 위로 몇 마리의 새들이 쩍쩍 날아다녔다.

"엄마, 나 갑자기 머리 위로 새들이 보여……."

"나벨, 정신 차려! 집 안에 무슨 새들이 있다고 그러니? 못된 형 같으니라고! 동생을 때려?"

"흥! 나벨이 먼저 스파이 노릇을 했잖아!"

"이리 와서 얼른 사과하지 못해? 자자, 엄마가 케이크 구워 줄 테니 부엌으로 가자꾸나."

케이크를 구워 준다는 말에 기분이 좋아진 콜럼버스와 나벨은 부엌으로 뛰어 갔다.

"형, 형 혹시 달걀 세울 수 있어?"

"당연하지! 형이 달걀 가져와서 세워 볼게, 후후!"

"응! 근데 달걀이 깨져서 식탁이 더러워지면 엄마한테 혼나니까 깨트리면 안 돼!"

콜럼버스는 달걀을 들고 식탁으로 왔다.

"자, 이제 형이 달걀을 세운다~. 이얏! 봐, 달걀이 섰지?"

"어, 진짜 달걀이 섰네? 달걀 밑이 깨졌는데 흰자 노른자도 안 흘러나오고……. 와, 어떻게 한 거야?"

"후후, 이제부터 이 형을 천재라 하여라!"

그 순간 콜럼버스의 머리에 꿀밤이 날아왔다.

"천재 좋아하네! 동생한테 장난 좀 그만 쳐! 어디서 삶은 달걀을 가지고 와서는!"

"하하, 어떻게 알았지? 후후, 우리 엄마 대단해요~, 하하."

콜럼버스는 이렇게 개구쟁이였지만 기발한 생각을 잘 해내는 영특하고 꾀 많은 아이였다.

즐거웠던 어린 시절이 지나고 콜럼버스는 어느덧 늠름한 뱃사람이 되었다.

"어이, 콜럼버스! 이번 항해 목적지는 또 어딘가?"

"후후, 우리가 언제 목적지가 따로 있었나요? 그저 손이 움직이는 대로 키를 움직일 뿐이죠. 그렇지, 나의 앵무새 스패로우?"

"나의 앵무새 스패로우! 나의 앵무새 스패로우!"

"오, 앵무새가 콜럼버스 당신 말을 정말 잘 따라 하는군요. 스패로우, 안녕!"

"스패로우 안녕! 콜럼버스는 바보, 콜럼버스는 바보."

"뭐라고? 이놈의 앵무새를!! 너 한번만 더 사람들 앞에서 주인님에게 바보라고 했다가는 당장 앵무새탕으로 만들어 버릴 테다!!"

콜럼버스는 앵무새와 티격태격하며 배 위로 올랐다.

"이번엔 어디로 갈까? 후후, 동쪽에서 바람이 불어오니 이번에는 서쪽으로 가 볼까나? 휘이이이삐이익!"

콜럼버스는 휘파람을 불며 기분 좋게 항해를 시작했다.

"어디, 지도를 보자. 여기는 카부리 해군. 이봐, 스패로우! 배고프지 않아?"

"배고프지 않아! 배고프지 않아! 너나 배고파?"

"이놈의 앵무새가! 주인님 보고 너라니!!! 오늘 내가 너를 삶아먹을 테다!"

콜럼버스는 키를 고정시켜 놓은 채 스패로우를 잡기 위해 배 위를 한참 동안 뛰어다녔다. 스패로우는 콜럼버스를 요리조리 피하며 약을 올렸다.

"넌 잡히면 한 그릇밖에 안 돼! 한 그릇!"

"한 그릇! 한 그릇!"

스패로우는 콜럼버스의 말을 따라 하며 콜럼버스를 더욱 약 올렸다. 그러는 동안 배는 조금씩 파도를 타고 움직이고 있었다. 한

참 동안 스패로우를 잡기 위해 쫓아다니던 콜럼버스는 문득 이상한 느낌을 받았다.

"어라, 여기가 어디지?"

콜럼버스는 급히 지도를 살폈다. 그곳은 자신의 나라와 이웃나라 사이에 있는, 지도에 나오지 않는 조그만 바다였다.

"세상에! 내가 새로운 바다를 발견하다니! 와, 스패로우 다 네 덕이야! 후후."

콜럼버스는 배를 조종해 급히 자신의 나라로 돌아갔다. 그러고 나서 세계 바다 학회로 곧장 뛰어갔다.

"제가 새로운 바다를 발견했어요. 작긴 하지만 아직 지도상에는 없는 바다라고요! 지금 당장 이 바다를 등록해 주세요!"

세계 바다 학회에서는 콜럼버스의 자초지종을 듣고는 말했다.

"무슨 말인지 알겠어요. 그럼 이제부터 당신이 발견한 그 바다를 '쪼잔해' 라고 이름 붙이기로 하죠."

"뭐요? 쪼잔해요? 너무 마음에 안 들어요! 저는 태평양이나 대서양처럼 제가 발견한 바다 이름 뒤에 '양' 을 붙이고 싶어요! '쪼잔양' 으로 등록하겠어요!"

"죄송하지만, 그럴 수는 없습니다. '쪼잔해' 로 등록하겠습니다."

콜럼버스는 자신이 발견한 바다의 이름 뒤에 '양' 을 붙이고 싶었지만 학회에서는 그렇게 할 수 없다며 딱 잘라 거절하였다.

"에잇, 그렇다면 내가 지구법정에 의뢰해 보겠어!"

큰 바다는 '양' 이라고 하고, 그보다 작은 바다는 '해' 라고 합니다.
2개 이상의 대륙으로 둘러싸인 바다는 '지중해',
대륙 가까이에 있으면서 섬이나 반도에 둘러싸인 곳은 '연해' 라고 하지요.

여기는 지구법정

'쪼잔해' 와 '쪼잔양' 의 차이는
무엇일까요?
지구법정에서 알아봅시다.

 재판을 시작하겠습니다. 원고 측 변론하세요.

 바다에 이름을 붙이는 건 그 바다를 발견

한 사람 마음 아닌가요? 그러니까 콜럼

버스 씨가 자신이 발견한 바다를 '쪼잔양' 으로 부르는 것은

개인의 자유라고 생각합니다.

 피고 측 변론하세요.

 바다 이름 연구소의 오바다 박사를 증인으로 요청합니다.

늘씬한 몸매의 30대 여자가 긴머리를 휘날리며 증인

석으로 들어왔다.

 바다의 이름은 어떻게 정하는 거죠?

 주로 '양' 이나 '해' 로 부릅니다.

 어떤 차이가 있나요?

 큰 바다에는 '양', 그보다 작은 바다에는 '해' 를 붙입니다. 양

을 붙일 만큼 큰 바다로는 태평양, 대서양, 인도양이 있지요.

 어떻게 구별하죠?

바다를 나무라고 생각해 보죠. 큰 가지는 '양' 이라고 부르는 큰 바다를 나타내고, 큰 가지에서 갈라져 나온 작은 가지들은 '해' 라고 부르는 작은 바다를 나타내지요.

그럼 2개 이상의 대륙으로 둘러싸인 바다는 '양' 인가요, '해' 인가요?

그런 바다는 '지중해' 라고 부릅니다. 북극해, 유럽 지중해, 아메리카 지중해가 바로 지중해들이지요. 또한 대륙 가까이에 있으면서 섬이나 반도에 둘러싸인 곳은 '연해' 라고 합니다. 대한민국의 동해, 황해, 남해가 그 예이지요.

그럼 판결하겠습니다. 콜럼버스가 발견한 바다는 그 규모가 '양' 으로 불리울 만큼 크지 않으므로 '쪼잔해' 로 결정하겠습니다. 이상으로 재판을 마치도록 하겠습니다.

재판이 끝난 후, 콜럼버스는 결국 자신이 발견한 바다를 '쪼잔해' 라고 등록할 수밖에 없었다. 그 후 콜럼버스는 아쉬운 마음에 '양' 이라고 불릴 만한 큰 바다를 찾기 위해 열심히 항해했다. 물론 앵무새 스패로우도 함께였다.

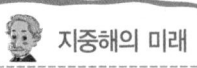 지중해의 미래

지중해는 아주 오랜 세월 후에는 더 이상 바다가 아니다. 아프리카 대륙이 유럽 대륙을 향해 위로 조금씩 올라가서 두 대륙 사이의 바다가 좁아지기 때문이다.

바닷물을 어떻게 먹어?

바닷물을 식수로 만들 수 있을까요?

"바닷가에 상어가 나타났다!!! 어서 대피해, 어서 대피해!!"

카리브 해에서 놀던 금속이네 가족들과 사람들이 고함을 지르며 도망가기 시작했다. 하얀 백사장에서 여유롭게 휴가를 즐기던 사람들 앞에 상어 떼 30마리가 나타난 것이었다. 상어들은 사람들을 공격하기 시작했고, 대피하지 못한 많은 사람들이 상어에게 공격을 당했다.

"아아악! 상어가 사람을 공격하네!! 도와줘~!!"

"어디 공기총 없어??!! 뭐라도 좀 꺼내 봐!! 저러다 사람들이 다

다치겠어!!"

빠른 속도로 열렸다 닫혔다를 반복하는 상어의 입 안으로 고드름 같은 수 백개의 이빨이 드러났다. 사람들은 신고할 정신도 없이 다들 넋을 잃고 그 광경을 쳐다보고 있었다. 살려 달라고 애원하는 사람들, 정신없이 도망가는 사람들로 백사장은 지옥을 방불케 했다. 금속이는 날렵하게 움직이면서 부상자들을 구하기 위해 다시 해변가로 뛰어들었다. 가족들은 기를 쓰며 말렸지만 금속이는 다친 사람들을 보고 그냥 지나칠 수가 없었다.

"아이고, 너 혼자 가서 어쩌려고 그러냐!! 빨리 이리 안 와??!!"

"아버지 어머니, 금방 올게요. 너무 걱정하지 마세요!! 이래 봬도 제가 태권도 4단 아닙니까?!"

"태권도랑 이게 무슨 상관이야?! 가지 말고 구급대가 올 때까지 조금만 기다려!"

어느새 금속이는 바다 속으로 들어가 30마리의 상어 떼와 한판 대결을 시작했다. 태권도장 출신인 금속이는 총을 잘 다뤘다. 어디서 구했는지 총과 함께하는 시간이 많았다. 하지만 바다로 들어가니 금속이와 상어는 상대가 될 수 없었다. 물의 사자와 지상의 작은 인간이 상대가 되지 않는 것은 당연한 일이었다.

"에잇! 안 되겠는걸……. 어떻게 하지? 저 사람들 다 구해야 되는데……."

금속이는 상어에게 엉덩이를 물어뜯긴 채 후퇴를 했다. 엉덩이

가 빨갛게 긁혀 원숭이같이 되었다. 자존심이 너무 상한 금속이는 가방에서 숨겨 두었던 총을 꺼내 와서 상어를 향해 발사하기 시작했다. 상어들은 하나둘씩 도망을 가고, 사람들은 한사람씩 구출되기 시작했다. 하지만 두목상어 한 마리가 도망을 가지 않고 계속 사람들을 공격하였다. 금속이의 엉덩이 부분을 물어뜯은 바로 그 상어였다. 금속이는 필사적으로 그 상어에게 따발총을 퍼부었다.

"두두두~ 두두두~ 틱!! 어디 맛 좀 봐라!! 이 무서운 상어야! 거 참 엄청 크네!"

하지만 상어는 총을 쏘면 물속으로 들어가 사람들을 교묘하게 공격하고 총이 발사가 안 될 때면 물 위로 올라와서 사람들을 공격했다. 금속이는 있는 힘을 다해 상어를 공격했다. 하지만 총만 쏘면 상어가 물속으로 숨는 바람에 총알은 더 이상 소용이 없었다. 금속이는 총을 집어 던지고 옆에 있던 나뭇가지를 집어 들었다. 그러고 나서 상어를 향해 달리기 시작했다.

"에잇! 맛 좀 봐라!!!"

금속이는 커다란 상어의 코앞까지 힘차게 뛰어갔다. 그러자 상어가 무섭게 입을 쫙 벌리는 것이 아닌가! 그 순간 금속이는 있는 힘을 다해 상어의 눈에 나뭇가지를 찔러 넣었다.

"키익 킥!!!"

상어의 피가 금속이에게 튀고, 상어는 몸을 비틀더니 그대로 쓰러졌다.

넋을 잃고 금속이와 상어의 결투를 지켜보던 사람들은 탄성과 함께 박수를 쳤다.

그때 한 꼬마가 금속이에게 다가왔다.

"형! 엉덩이가 너무 빨개요. 안 아파요?"

"아니, 괜찮아. 하하하! 형 엉덩이 말고 다른 곳 좀 봐 줄래?"

금속이는 엉덩이가 너무 따가웠지만 원숭이같이 빨간 엉덩이가 부끄러워서 애써 태연한 척했다.

어느덧 119가 현장에 도착해 부상자들을 급히 호송히였디.

"아이고! 이렇게 용감한 시민이 있어서 우리 같은 사람들이 일을 정말 수월하게 합니다. 제가 서장님께 이야기해서 표창장을 드리도록 하겠습니다. 정말 대단합니다."

119 소장은 사람들에게 금속이의 용감한 행동을 전해 듣고 금속이에게 말을 건넸다.

"아……, 네. 감사합니다. 그나저나……, 저기 귀 좀……."

금속이는 119 소장의 귀에 대고 작게 속삭였다.

"혹시 엉덩이에 바를 연고는 없습니까?"

"후후후, 가져다 드리죠."

며칠 뒤 그 바닷가 마을 사람들은 금속이를 마을로 초대해서 거하게 잔칫상을 차려 주었다.

"아이고! 뭐 이런 것 까지……, 송구스럽습니다, 하하."

"사람 몇 명을 살렸는데요!! 이 정도는 당연히 해 드려야죠. 우

리 마을을 구한 영웅 아닙니까?"

"당연히 해야 할 일을 했을 뿐인데요, 감사합니다."

"영웅님! 실은 저희 마을 사람들이 부탁할 일이 있습니다. 여기 마을은 민물이 없어서 식수 문제로 고민하고 있습니다. 식수를 얻기 위해 빗물을 받아서 사용하기도 하지요. 하지만 빗물에는 중금속이나 황사같이 나쁜 것들이 섞여 있어 위험합니다. 그래서 저희가 정부에 식수 문제를 해결해 달라고 했지만 정부에서는 바닷물을 이용해 민물을 만들어 주겠다고 제안을 했습니다. 참 어이없는 소리 아닙니까? 우리가 무식하다고 무시하는 것도 아니고 어떻게 소금투성이 짠 바닷물을 식수로 만들어 준다는 건지 도저히 이해를 할 수가 없습니다. 그래서 저희는 정부를 고소하기로 의견을 모았습니다. 영웅님, 도와주십시오."

'음……, 이건 나도 모르는 건데 어떡하지? 바닷물을 어떻게 식수로 만든다는 거야? 으아, 나는 태권도 사부라고! 휴……'

"음……, 물론 저에게 좋은 생각이 있기는 하나, 우선 지구법정에 의뢰하는 것이 어떨까요?"

금속이는 자신이 모르는 것을 들킬까 싶어 짐짓 태연하게 말했다.

"와, 그렇게 하면 정확하게 알 수 있겠군요! 역시 우리 마을의 영웅님이십니다! 그럼 잔치가 끝난 뒤에 다 같이 지구법정으로 가죠!"

물과 소금의 성질에 따라 증발법, 막 침투법, 냉동법을 이용하면
바닷물을 식수로 만들 수 있습니다.

과학공화국
지구법정 9

바닷물을 식수로 만드는 방법은 어떤 것들이 있을까요?

지구법정에서 알아봅시다.

 재판을 시작합니다. 원고 측 변론하세요.

 바닷물은 소금이 많이 들어 있어서 못 먹

어요. 그렇게 짠 것을 먹게 되면 탈수 현

상으로 죽는단 말이에요. 이건 정부의 사기극입니다. 우리 모

두 정부를 규탄하러 나갑시다.

 지치 변호사 오버하지 마세요.

 알겠습니다.

 그럼 피고 측 변론하세요.

 식수 연구소의 모금물 박사를 증인으로 요청합니다.

온몸에 식은땀을 흘리는 40대 남자가 증인석에 앉았다.

 증인은 무슨 일을 하죠?

 식수를 만드는 모든 방법을 연구하고 있습니다.

 바닷물을 민물로 만드는 방법이 있습니까?

 세 가지 방법이 있습니다.

우선 증발법이 있습니다. 증류법이라고도 하죠.

바닷물을 끓여서 증발시킨 후 그 수증기를 식혀서 순수한 물을 얻는 거죠.

또 다른 방법은요?

막 침투법이 있습니다. 물 분자는 통과시키지만 소금은 통과시키지 않는 특수한 막을 사용하여 물과 소금을 분리하는 거죠.

좋은 방법 같군요. 또 한 가지는요?

냉동법이 있습니다. 순수한 물이 소금 성분보다 빨리 어는 성질을 이용해 소금 성분과 물을 분리하는 방법이지요.

정말 여러 가지 방법이 있군요. 그렇죠, 판사님?

그런 것 같군요. 그렇다면 정부가 이 세 가지 방법 중에 하나를 택하여 바닷물을 식수로 만들 수 있을 거라고 생각합니다. 이상으로 재판을 마치도록 하겠습니다.

재판이 끝난 후, 마을 사람들은 모금물 박사가 설명한 세 가지 방법을 모두 사용해 보았다. 셋 중 가장 쉽고 빠르게 할 수 있는 방법을 찾기 위해서였다. 물론 이 실험은 영웅으로 추대 받는 금속이의 진행하에 이루어졌다.

 어는점

물질은 고체, 액체, 기체의 세 가지 상태가 있는데 이들 상태는 물질의 온도에 따라 달라진다. 물질의 온도는 물질이 열을 얻으면 올라가고 열을 잃으면 내려가는데 액체 물질이 열을 잃어 어떤 온도 이하로 내려가 고체 상태로 바뀌는 온도를 어는점이라고 부른다.

바다를 메우면 땅이 넓어지잖아요?

대륙붕은 어떤 가치가 있을까요?

사건속으로

"야, 너 어젯밤에 엄마한테 혼났지? 호호호."

"뭐? 네가 어떻게 알아? 누구한테 들었어?"

"누구한테 듣긴, 우리 집 창문에서 보면 너희 집 뭐 하는지 다 보이잖아. 호호호."

"뭐라고?"

"너 어제 엄마한테 파리채로 종아리 맞고 있던데? 호호호."

순간 샤방이의 얼굴은 빨개졌다.

"근데 너 왜 그렇게 혼난 거야?"

"책에서 읽으니까 어떤 위대한 과학자가 어렸을 때 달걀을 품으면 병아리가 나오지 않을까 하는 호기심에 진짜 자기 품에 달걀을 품고 실험을 했었대. 그래서 나도 혹시나 달걀에서 병아리가 나올까 싶어서 냉장고에 있는 달걀을 모두 꺼내서 자고 있던 동생 밑에다 가져다 놓았지. 그런데 동생이 자면서 몸을 뒤척이는 바람에 달걀이 다 깨졌지 뭐야."

"너 정말 맞을 짓 했구나!"

'휴, 집이 너무 가까우니 다 보이나 보네. 부끄러워라.'

샤빙이는 집으로 뛰어 들어갔다.

"엄마! 우리 집이랑 옆집이랑 너무 가까운 것 같아! 그러니까 순심이가 내가 어제 엄마한테 혼난 것까지 다 알잖아! 세상에, 파리채로 맞은 것까지 아는 거 있지? 부끄러워서 혼났어."

"그래? 그런데 우리 집만 옆집이랑 가까운 게 아니잖니. 우리나라는 땅이 좁아서 어쩔 수가 없단다. 너희 학교만 해도 20층이나 되잖니. 거기에 운동장 없는 학교는 아마 세계에 우리나라에밖에 없을 거야. 휴……, 엄마 잠깐 순심이네 아줌마랑 시장 보러 갔다 올 테니까 넌 숙제하고 있어!"

"진짜? 나도 따라갈래!!! 엄마, 나도 나도 같이!"

"으이구, 알았어! 얼른 준비해서 나와!"

그렇게 샤빙이는 엄마와 순심이네 아줌마와 같이 시장을 보러 나왔다.

"어머, 차를 주차할 곳이 없네. 이거 어쩌지?"

"어머, 분명 여기 주차장이 있었는데……, 옳지, 저기 저 주차 요원한테 물어보면 되겠네. 이봐요, 주차 요원 아저씨!"

주차 요원은 자신을 부르는 소리에 뚜벅 뚜벅 차 앞으로 걸어 왔다.

"왜 그러십니까?"

"주차 요원 아저씨, 주차장이 어디로 간 거죠? 며칠 전까지만 해도 이곳이 주차장 아니었나요?"

"정부에서 국토가 좁아 건물 지을 땅도 없다면서 이곳 주차장을 폐쇄하라는 명령을 내렸습니다. 그리고 저는 이제 주차 요원이 아니라 '창고 지키미'라고 불러 주세요. 허허."

"뭐라고요? 땅이 좁아서 주차장을 폐쇄시켰다고요? 휴……."

샤방이의 엄마는 주차할 만한 곳을 찾아보다가 결국 찾지 못하고 그냥 집으로 돌아왔다. 이렇게 국토가 좁아 땅 값은 비싸지고 사람들은 살기가 힘들어져 가고 있었다.

"엄마! 엄마! 뉴스 좀 봐! 우리나라를 더 크게 만들 거래!"

"뭐? 호호, 어떻게 나라를 더 크게 만드니? 꿈에라도 제발 그렇게 되었으면 좋겠다. 나라가 좁으니 이거 원 힘들어서……."

"진짜야! 빨리 거실 와서 뉴스 보라니까!"

샤방이의 말에 엄마는 반신반의하며 거실로 나와 뉴스를 보았다.

"안녕하십니까? CMB 뉴스입니다. 국토를 늘릴 수 있는 좋은 방법을 코이스트 연구원에서 이번에 발표했습니다. 여러분, 대륙붕을 아십니까? 우리나라에 있는 대륙붕을 매립한다면 지금 국토의 2배로 만들 수 있다고 합니다. 이 얼마나 놀라운 일입니까?"

"엄마, 맞지? 내 말이 맞지? 와! 얼른 대륙붕을 매립해서 우리나라 땅이 지금보다 2배로 커지면 너무 좋겠다! 그치? 그럼 옆집 순심이가 내가 엄마한테 야단맞는 것도 모를 것 아냐?"

"호호호, 그게 그렇게 부끄러웠어? 그런데 정말 꼭 저렇게 되었으면 좋겠네. 그럼 땅값도 내릴 테고……."

그날 신문에는 내륙붕을 매립해 국도를 넓힌다는 코이스트의 연구 발표가 1면을 차지했다. 대부분의 사람들이 환호하며 기뻐했다. 사람들은 어서 대륙붕을 매립하자며 움직이기 시작했다. 하지만 기뻐하는 국민들에게 태클을 거는 존재가 있었으니, 바로 세계 환경 단체였다.

"대륙붕을 매립할 수는 없습니다. 저희 세계 환경 단체에서는 이를 허락할 수 없으며 반대의 입장을 표하는 바입니다."

그러자 국민들은 화가 나서 일어나기 시작했다.

"대륙붕은 별로 깊지도 않은 바다인데 왜 못 메우게 하는 겁니까? 자, 우리 모두 지구법정에 세계 환경 단체를 고발합시다."

좋은 어장이 될 수 있는 대륙붕은 해양 자원의 보고라고 할 수 있습니다.

대륙붕의 역할은 무엇일까요?
지구법정에서 알아봅시다.

 재판을 시작합니다. 원고 측 변론하세요.

대륙붕은 정말 얕은 바다입니다. 이런 바

다를 메워서 국토의 면적을 넓히면 살기

좋은 나라가 되는데 왜 세계 환경 단체가 태클을 거는지 모르

겠어요. 자신들의 실적이나 명분을 찾으려고 그러는 거 아닌

가요? 본 변호사는 대륙붕 메우기를 허용해 줄 것을 강력 촉

구합니다.

 피고 측 변론하세요.

 대륙붕 연구소의 바다랑 박사를 증인으로 요청합니다.

푸른 바다에서 서핑보드를 타고 있는 본인의 얼굴이

그려진 티셔츠를 입은 30대 남자가 증인석에 앉았다.

 대륙붕이 뭐죠?

 대륙붕은 바닷가로부터 평균 경사 0.1도 정도의 평탄하고 완

만한 기울기를 가진 얕은 바다 밑바닥을 말합니다. 보통 바닷

가에서부터 깊이 200m까지의 해저 지역이지요.

 정말 수심이 얕은 바다군요. 그럼 이런 바다를 메워 땅으로 만들면 좋은 것 아닌가요?

 대륙붕은 보존할 가치가 있습니다. 대륙붕에는 수많은 플랑크톤이 살며, 광합성 작용이 잘 되고, 바닷물의 온도가 생물의 성장에 알맞아 많은 어류와 여러 종류의 식물들이 살고 있습니다. 그러므로 좋은 어장이 될 수 있어 해양 자원의 보고라고 할 수 있지요.

그렇다면 잘 보존해야겠군요.

맞아요. 땅이 넓어진다는 눈앞의 이익만 생각하지 말고 이런 좋은 해양 자원을 자손만대까지 지키고 보존해 물려주는 것이 올바른 자세라고 생각합니다. 이상으로 재판을 마치도록 하겠습니다.

> ### 서해
>
> 우리나라는 동해, 서해, 남해로 삼 면이 바다로 둘러싸여 있다. 이중 중국과 우리나라 사이에 있는 바다인 서해는 바다의 깊이가 낮은 대륙붕이다. 누런색을 띠기 때문에 황해라고도 부른다.

　재판이 끝난 후, 결국 대륙붕을 매립하여 땅을 넓힌다는 정부의 계획은 무산되었다. 그에 따라 매일 엄마에게 혼나는 모습을 순심이에게 보여야만 하는 샤방이는 실망했다. 그러나 그날 밤 샤방이의 꿈에 아름다운 인어가 나타나서 '샤방 씨는 부모님 말씀 잘 듣고, 잘할 수 있을 거예요!' 라고 칭찬하자 대륙붕이 매립되지 않은 것을 다행으로 생각했다. 바다에는 꼭 인어가 있을 거라고 믿어 의심치 않았기 때문이다.

물에 잠기는 가게를 분양하면
어떡해요?

기조력에 따라 밀려오는 물의 양이 달라질 수 있을까요?

사건속으로

김바다 씨는 도시에서 장사를 하다가 여러 번 실패를 한 뒤 남은 재산을 모두 털어 아내와 함께 남해에 조그만 무인도 하나를 샀다. 그러고는 '김바다 아일랜드'라고 불렀다. 김바다 씨는 먼저 통나무를 잘라서 숙박 시설을 지었다.

이 섬은 과학공화국의 최남단에 위치하고 있어서 일 년 내내 따뜻했고, 바닷바람이 자연의 에어컨 역할을 해 줘 특별한 냉난방 장치가 필요 없었다.

이 섬에는 사람들의 손때가 묻지 않은 넓고 아름다운 갯벌이 있었다. 밀물 때는 잠기고 썰물 때면 나타나는 귀여운 게들이 아장아장 옆으로 줄을 맞춰 걷는 모습, 그리고 철새들이 갯벌 속에서 긴 주둥이로 먹이를 찾는 모습은 완벽한 휴양지로 손색이 없었다.

"그래, 이제 펜션만 몇 채 지으면 관광객들이 찾아올 테고 그러면 자연을 감상하면서 돈도 많이 벌 수 있을 거야."

김바다 씨는 이렇게 생각하자 온몸에 힘이 부쩍 솟아났다.

며칠 동안 열심히 공사하여 갯벌이 훤하게 보이는 곳에 가족 숙박 시설을 몇 채 지었다. 그러고 나서 자신의 전용 보트를 타고 뭍으로 간 후 확성기가 달린 트럭을 타고 누비며 김바다 아일랜드를 홍보했다.

"천의 휴양지 김바다 아일랜드에 오염되지 않은 갯벌을 보러 오세요!"

김바다 씨의 확성기를 통해 연속해서 홍보 멘트가 흘러나왔다.

그러자 김바다 씨의 트럭 주위로 사람들이 몰려들기 시작했다.

"정말 손때가 안 묻은 갯벌 맞아요?"

"사람이 안 산다는 게 정말이에요?"

"하루에 얼마죠?"

많은 사람들이 정신없이 물어보았다.

'그래 완전 대박이야.'

김바다 씨는 쾌재를 부르며 사람들의 질문에 친절하게 대답해 주었다. 그리고 사업을 대대적으로 시작하기 위해 보트를 몇 대 더 구입하여 손님을 모았다.

며칠 후 김바다 아일랜드가 화려하게 개장했고, 많은 사람들이 섬으로 몰려들었다. 그러나 사람들 중 일부만 펜션에서 숙박을 하고 대부분의 사람들은 당일치기로 갯벌 체험을 하고 돌아갔다.

"쳇! 당일치기하는 사람들에게는 보트 값밖에 받을 수가 없잖아?"

김바다 씨는 저녁이 되어 밀물 때가 되자 보트를 타고 다시 뭍으로 돌아가는 수많은 인파를 보며 넋두리를 했다. 그러자 아내가 갑자기 뭔가 떠오른 듯 김바다 씨에게 말했다.

"여보, 갯벌 바깥에 작은 가게들을 만들어 분양하면 어떨까요? 우리는 매일 장사꾼들이 벌어들인 수익을 5:5로 나누어 가지면 되잖아요."

"바로 그거요, 여보."

김바다 씨는 손쉽게 돈을 벌 수 있는 방법을 생각해 낸 아내를 끌어안았다. 이렇게 하여 김바다 아일랜드의 갯벌이 끝나는 곳에는 20개의 가게가 들어섰다. 갯벌에서 잡은 조개로 조개 요리를 하는 가게, 간단한 기념품을 파는 가게, 간단한 음료수와 빵을 파는 가게 등이었다.

워낙 관광객이 많은 것으로 소문이 나서인지 20개의 점포는 분양 하루 만에 모두 입주자가 결정되었다. 이렇게 김바다 아일랜드는 매일매일 사람들로 북적였고 가게 상인들도 짭짤한 수입에 만족해 했다.

그러던 어느 날, 갯벌과 가장 가까운 곳에서 종이로 만든 기념품을 판매하는 지물포 씨가 김바다 씨의 집으로 허겁지겁 달려왔다.

"사장님, 우리 가게가 물에 다 잠겼어요. 종이 기념품이 모두 젖어 쓸 수 없게 되었다고요."

"그럴 리가요? 내가 며칠 동안 관찰했지만 지물포 씨의 가게까지는 물이 밀려온 적은 없어요."

"가서 눈으로 확인해 보면 되잖아요?"

지물포 씨는 김바다 씨의 팔을 잡아당기며 그를 바닷가로 데리고 갔다. 이상하게도 그날따라 물이 더 많이 밀려들어와, 평소에는 물이 없었던 곳까지 물이 차올라 있었다. 물론 지물포 씨의 가게도 절반쯤 물에 잠겨 종이 기념품들이 물에 둥둥 떠다니고 있었다.

"변상해 주세요. 당신이 물에 잠기는 곳에 가게를 세우고 분양을 했으니까 당신 책임이에요."

지물포 씨가 목소리를 높였다.

"밀물과 썰물은 일정하게 들락날락거리기 때문에 이런 일은 있을 수 없는데……. 이건 천재지변이에요. 우린 분명히 계약서에 천재지변으로 인해 벌어진 손해에 대해서는 책임지지 않는다고 명시했지요?"

김바다 씨가 발뺌했다.

그러자 화가 난 지물포 씨는 김바다 씨로 인해 자신의 재산에 피해를 입었다며 김바다 씨를 지구법정에 고소했다.

달과 지구의 위치에 따라 달이 지구에 미치는 힘이 달라집니다.
이를 기조력이라 하는데 이에 따라 조차가 달라지지요.

과학공화국
지구법정 9

여기는 지구법정

밀물과 썰물은 매일 일정할까요?
지구법정에서 알아봅시다.

 재판을 시작합니다. 먼저 피고 측 변론하세요.

 이 세상의 사건에는 사람이 일으킨 사건과 자연이 일으킨 사건이 있습니다. 사람이 일으킨 사건에 대해서는 사람이 책임을 져야겠지만 자연이 일으킨 사건에 대해서까지 사람이 책임을 질 수는 없습니다. 이번 사건은 평소에는 물이 밀려들지 않는 곳까지 물이 밀려와서 발생한 것입니다. 이는 바다의 밀물이 그날따라 이상한 행동을 한 것이기 때문에 가게를 분양한 김바다 씨도 예측할 수 없었던 일이라고 생각합니다. 그러므로 이번 사건에 대해서 김바다 씨의 책임이 없다는 것이 본 변호사의 주장입니다.

 원고 측 변론하세요.

 조석 연구소의 김조석 박사를 증인으로 요청합니다.

 증인 요청을 받아들이겠습니다.

노란 머리로 염색한, 다소 불안정해 보이는 30대 남자가 증인석으로 들어왔다.

증인이 하는 일은 뭐죠?

우리 연구소에서는 매일매일 달라지는 조차에 대해 연구하고 있습니다.

조차가 뭐죠?

쉽게 말해 밀물 때와 썰물 때 높이의 차이를 말합니다. 가장 높을 때를 만조, 가장 낮을 때를 간조라고 하고 그 차이를 조차라고 하는데 그 값은 매일매일 달라지지요.

달라지는 이유는 뭐죠?

기조력 때문이지요. 밀물과 썰물은 달과 태양의 인력 때문에 생깁니다. 그런데 태양과 달의 위치에 따라 달의 기조력과 태양의 기조력 합이 커질 수도 있고 작아질 수도 있어요. 예를 들어 달과 태양이 일직선으로 배열된 경우는 그믐이나 보름이 되는데 이때는 달의 기조력과 태양의 기조력이 같은 방향으로 작용해 두 기조력의 합이 최대가 됩니다. 따라서 바닷물을 크게 잡아 당겼다가 놓게 되지요. 그러므로 조차가 커지는데 이때를 사리라고 합니다. 반대로 달과 태양이 서로 수직으로 있을 때는 상현이나 하현이 되는데 이때는 달의 기조력과 태양의 기조력 합이 최소가 되어 조차가 최소가 되지요. 이때를 조금이라고 합니다.

그럼 사리가 되면 어떤 현상이 일어나죠?

사리 때는 조차가 커지기 때문에 밀물 때 더 많은 양의 물이

밀려와 평소 잠기지 않던 곳이 잠길 수 있습니다.

 아하, 그렇군요. 그렇다면 밀물이 가장 많이 밀려오는 사리 때를 계산하여 가게를 분양했어야 하는군요.

 그렇게 볼 수 있습니다.

 그럼 게임이 끝났죠? 판사님.

 그렇게 보이는군요. 김바다 씨는 밀물 때 물이 밀려오는 곳이 항상 일정하다고 생각했지만 사실은 그런 게 아니라는 것이 밝혀졌습니다. 그러므로 이번 사건은 사리 때 물이 밀려드는 곳에 가게를 지어 분양한 김바다 씨의 책임이 있다고 판결합니다. 이상으로 재판을 마치도록 하겠습니다.

재판이 끝난 후, 김바다 씨는 지물포 씨에게 손해 배상을 하고, 지물포 씨의 가게는 바다에서 좀 더 먼 쪽으로 이동하게 되었다.

 기조력

옷을 잡아당기면 당긴 부분과 몸 때문에 당겨가지 못하는 곳 사이에 힘의 차이가 생기게 된다. 이렇게 옷에 작용하는 힘의 차이가 옷을 늘어나게 한다. 마찬가지로 달의 위치 변화로 인해 달이 바닷물에 작용하는 힘의 차이가 생겨 바닷물이 부풀어 오르게 되는데 이러한 힘을 기조력이라고 한다.

우리 섬도 대륙이야

섬과 대륙을 나누는 기준은 무엇일까요?

어떤 섬나라의 학생들 사이에서 국제 펜팔이 큰 인기를 얻고 있었다.

"똘이야! 너는 어느 나라 애랑 펜팔하니?"

"나? 방글라데시. 까칠이 넌?"

"난 호주에 사는 애야. 저번에 내가 편지를 보냈으니 오늘 집에 가면 답장이 와 있었으면 좋겠다, 호호."

"그런데 까칠아, 너 영어로 쓰는 거야? 말이 통해?"

"당연하지! 내가 영어를 얼마나 잘하는데!"

까칠이는 우쭐거리며 말했다.

"그럼 'How old are you?' 가 무슨 뜻이게?"

갑작스런 똘이의 질문에 까칠이는 당황해서 말을 더듬었다.

'How…… 어떻게…old…… 늙은……, you…… 너……, 그렇지!'

"하하, 똘아! 내가 그걸 모를까봐? 너 어떻게 늙었니? 맞지?"

"뭐라고? '어떻게 늙었니?' 세상에! 너 몇 살이니? 잖아!"

"흥! 몰라! 나 먼저 집에 갈래!"

부끄러워진 까칠이는 후닥닥 집으로 뛰어갔다.

"엄마, 나 왔어요."

"까칠이 왔니? 까칠아, 너한테 편지 왔더라. 국제 편지던데?"

"야호!! 드디어 답장이 왔구나!"

까칠이는 기쁜 마음에 떨리는 손으로 봉투를 뜯었다. 거기에는 편지와 함께 양 갈래 머리를 한, 예쁘장하게 생긴 여자 아이의 사진이 들어 있었다. 까칠이는 서둘러 편지를 폈다.

"'Hi?', 안녕이라는 뜻이지. 'I am fourteen', fourteen? 이게 뭐지? 'four'는 숫자 4인 것 같은데? 그럼 뒤에 'teen'은 뭐지? 아, 'ten'을 쓰려다가 잘못 쓴 건가? 헉, 그럼 4하고 10이니까 40살? 이렇게 소녀 같은 애가 40살이라고? 으악!"

까칠이는 편지와 사진을 들고 엄마에게 뛰어갔다.

"엄마, 엄마! 이것 좀 봐요! 애가 40살이래요!"

엄마는 까칠이가 내미는 사진을 보았다.

"어머, 이렇게 예쁘장하게 생긴 소녀가 40살이라고? 40살이면 엄마랑 동갑인거 몰라?"

"호주에는 아줌마들이 이렇게 생겼나 봐. 편지에 자기가 40살이라고 하던걸?"

"정말? 편지 이리 줘 봐. 엄마가 한번 읽어 볼게."

"하하하, 까칠이 영어 공부 좀 해라! 'fourteen' 이라잖아!"

"응, 내 생각엔 걔가 'fourten' 을 잘못 써서 'e'를 하나 더 쓴 것 같아. 그치, 엄마?"

"으이구, 'fourteen' 은 14잖아! 너랑 동갑이네! 넌 중학생이 fourteen도 몰라? 너! 똑바로 불어! 중간고사 때 영어 몇 점 받았어? 엄마한테 성적표 안 보여 줬잖아!"

'이크!'

까칠이는 순간 등 뒤에 식은땀이 났다. 잠시 멈칫하다 결국 사실대로 말하기로 결심했다.

"나? 이번에 37점……."

"뭐? 37점? 까칠이 너 당장 빗자루 들고 와! 당장!"

"엄마 잘못했어요. 정말 잘못했어요. 나 이제 얘랑 펜팔 열심히 해서 영어 실력 키우고, 학교 수업도 열심히 들어서 영어 성적 잘 받을게. 한번만 봐줘요. 응?"

엄마는 까칠이의 영어 성적을 듣고 화가 머리끝까지 났지만 한 번 더 기회를 주기로 했다.

"까칠이 너, 이번 기말고사 때 영어 성적이 반에서 5등 안에 들지 못하면 저번에 엄마가 사준 게임기 다 뺏을 테니 각오해!!"

"반에서 5등요? 엄마 그건……. 그리고 게임기를 뺏는다고요? 차라리 엉덩이를 때려 주세요, 흑흑."

"명심해! 영어 성적 반에서 5등이야! 얼른 들어가서 공부해!"

까칠이는 털레털레 방으로 들어갔다.

"휴……, 괜히 편지 들고 엄마한테 뛰어갔네. 이게 뭐람?"

까칠이는 책상에 앉아서 영어 교과서를 펴고 읽기 시작했다. 하지만 읽기 시작한 지 5분이 지나자 몸이 베베 꼬이기 시작했다.

"으, 지겨워! 도대체 무슨 말인지 알아야 공부를 할 것 아냐? 무슨 교과서에 만화도 없고! 빨리 호주 친구한테 답장이나 써 줘야겠다. 영어로 쓰는 거니까 이것도 영어 공부잖아? 흐흐."

까칠이는 펜을 들고 편지를 쓰기 시작했다.

"Hello……. 다음엔 뭐라고 해야 하지? 영어를 알아야 편지를 쓰지. 아, 그래! 인터넷으로 찾아보면 되겠구나! 흐흐."

까칠이는 컴퓨터를 켜고 인터넷 창을 띄웠다.

"우선 호주에 대해 뭔가를 좀 알아야 '호주에는 그게 유명하다며?' 이렇게 아는 척이라도 하지! 흐흐, 그럼 일단 '호주'를 검색해 볼까?"

까칠이는 검색창에 '호주'라고 입력했다. 그러자 호주에 대한 상세 설명과 그림이 컴퓨터 화면 전체에 쫙 펼쳐졌다.

"와, 호주는 엄청 예쁜 곳이네. 어라, 그런데 '대륙'이라고? 우리나라는 '섬'인데 호주는 왜 대륙이야? 크기도 별로 큰 차이가 없는 것 같은데……."

까칠이는 '세계 지구 학회' 사이트에 들어가서 글을 쓰기 시작했다.

"안녕하세요? 저는 까칠이라는 학생입니다. 궁금한 점이 있어서 이렇게 글을 남깁니다. 왜 우리나라는 '섬'이고, 호주는 '대륙'인가요? 우리나라도 호주와 똑같이 대륙으로 해주시든지 아니면 호주를 섬으로 바꿔 주세요! 지금 차별하시는 겁니까?"

까칠이가 글을 남기기가 무섭게 답변이 달렸다.

"세계 지구 학회입니다. 까칠 님의 의견은 잘 알겠으나 그럴 수 없음을 알려 드립니다."

"뭐라고? 그럴 수 없다고? 그렇다면 내가 직접 지구법정에 의뢰해 보는 수밖에!"

그린란드를 기준으로 해서 그보다 작은 것은 섬,
큰 것은 대륙이라고 합니다.

모든 섬을 대륙이라고 할 수 있을까요?
지구법정에서 알아봅시다.

재판을 시작합니다. 이번 재판은 까칠 군이 의뢰한 사건으로, 까칠 군이 사는 섬을 대륙으로 부를 수 있는지에 대해 논의해야 합니다. 먼저 지치 변호사 의견 말해 주세요.

까칠 군이 사는 나라도 섬나라이고 호주도 섬입니다. 그러니까 호주가 대륙이라면 모든 섬이 대륙이 되어야 합니다. 아니면 호주를 대륙에서 제외시키고 섬으로 하든지, 그래야 공평하지요. 안 그렇습니까, 여러분?

그럼 어쓰 변호사 변론하세요.

대륙 학회의 대륙 기준 사무관인 이대륙 박사를 증인으로 요청합니다.

증인 요청을 받아들이겠습니다.

세계 지도가 그려진 티셔츠를 입은 40대 남자가 증인석에 앉았다.

 증인이 하는 일은 뭐죠?

과학공화국
지구법정 9

대륙이 되기 위한 기준을 정하고 있습니다.

몇 개의 대륙이 있죠?

아시아, 아프리카, 유럽, 북아메리카, 남아메리카, 오세아니아의 여섯 개 대륙이 있습니다.

그럼 본론으로 들어가서 왜 호주는 섬인데 대륙이라고 부르는 거죠?

오세아니아 대륙은 호주만으로 이루어진 것은 아닙니다. 가장 큰 섬인 호주와 그 다음으로 큰 뉴질랜드, 그리고 아주 작은 많은 섬들로 이루어져 있지요.

하지만 모두 섬이잖아요?

국제 섬 학회에서는 그린란드를 가장 큰 섬으로 정하고 그린란드보다 더 큰 섬은 대륙으로 인정합니다. 호주는 그린란드보다 크기 때문에 호주를 비롯한 주변의 섬나라들이 대륙을 이루게 된 것이지요.

가만, 갑자기 궁금한 게 있어요.

뭐죠?

섬은 어떻게 생기죠?

그 과정은 아주 다양해요. 산호초가 바다 위로 솟아서 생긴 산호섬도 있고, 지각 운동으로 바다 밑바닥이 솟아올라 섬이 되기도 하지요. 또 바닷가의 산맥 중 한부분이 가라앉으면서 높은 봉우리만 바다 위에 남아 섬이 되는 경우도 있고, 해저

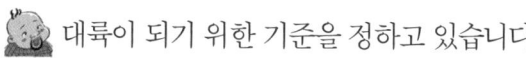

화산이 분출하면서 바다 위로 솟아올라 섬이 되기도 하는데 하와이가 그 예이지요.

 고맙습니다. 그럼 판결은 판사님이 하시죠.

 판결합니다. 논의 결과 까칠 군이 사는 섬나라의 크기는 그린란드보다 작으므로 대륙으로 인정할 수 없음을 판결합니다. 이상으로 재판을 마치도록 하겠습니다.

재판이 끝난 후, 까칠이는 우리나라가 대륙이 아님을 인정할 수밖에 없었다. 그리고 대륙은 얼마나 넓은지 꼭 호주 여행을 해 보겠다고 마음먹으며 열심히 영어 공부를 했다.

 산호

산호는 폴립이라는 작은 동물이 만든다. 폴립은 바다 속에서 수억 마리가 모여 사는데 몸이 아주 연약하여 몸을 보호하기 위해 바다 속의 화학 물질로 돌처럼 단단한 껍질을 만든다. 이 껍질들만 남아 있는 상태가 산호이다.

우리 섬이 사라져요

섬이 사라지는 이유는 무엇일까요?

과학공화국의 서쪽 바다 중앙엔 이웃나라인 재주국이 있다. 섬으로 이루어진 이 나라는 한때 과학공화국의 속국으로 있다가 100여 년 전 독립을 하여 자유를 얻은 후 금세 무역 강대국의 반열에 올라섰다. 이런 급속한 성장의 뒤에는 재주국의 수상인 안우현이 있었다. 안우현 수상은 약 20여 년 동안 재임을 하면서 나라의 부강을 위해 힘을 썼다. 재주국은 다른 국가에 비해 재화도 부족하고 인구도 적었다. 따라서 일반적인 산업 활동으로는 부강해질 수 없다는 것을 안 안우현은 재주국에서 가장 풍부한 산호를 내세워 관광 산업을 발전시켰고 그 결과 가장 빠른 성장을 한 관광 산업 국가가 되었다. 국민들은 언제까지고 이 나라가 관광 산업으로 버틸 수 있을 것이라고 굳게 믿고 있었다.

그러던 어느 날 한 기상학자의 보고서가 큰 논란을 가져왔다.

"재주국뿐만 아니라 온 지구의 해수면이 점점 상승하고 있다. 이로 인해 재주국의 가장 풍부한 재화였던 산호 지대가 사라져 가고 있다. 현재의 속도라면 향후 50년 이내에 산호 지대는 사라질 것이고, 재주국의 경제도 무너질 것이다."

어디까지나 하나의 가설일 뿐이지만 제법 그럴듯한 이론이라 과학계에서 큰 이슈가 되었다.

"이번에 발표된 기상이론에 의하면 산호 지대가 사라질지도 모른다고 합니다."

환경부 장관인 청결해 여사는 한껏 걱정스러운 목소리로 안우현 수상에게 말했다.

"나도 그 이야기를 들었네. 솔직히 좀 극단적이기는 하지만 무시할 수는 없는 의견이라고 생각하네."

"실제로 해수면이 계속 상승하고 있고 그 속도도 계속해서 빨라지고 있다고 합니다."

관광 문화부 장관 또한 입을 열었다.

"우리나라는 관광 수입이 전체 국정의 80% 이상을 차지하고 있습니다. 이러한 상황에서 관광 수입을 포기하고 다른 것에 눈을 돌

린다는 것은 거의 불가능합니다. 무역 산업에는 한계가 있고 인구 증가율 또한 감소하고 있는 추세라……."

"결국 관광 산업을 포기할 수는 없다는 것인데……, 그럼 산호 외에 특화할 것은 없는가?"

"국립공원이라든지 일급 호텔은 이웃나라인 과학공화국에도 충분히 있기 때문에 딱히 특화할 것이 없습니다."

"그럼 일단 기상학자들을 소집해 다시 한 번 정밀진단을 할 필요가 있을 것 같군."

"예, 내일 당장 박사들을 소집하겠습니다."

다음 날 전국의 내로라하는 각 분야의 전문가들과 박사들이 모였다.

"저는 대기 분야를 전공한 최산소입니다. 최근 이산화탄소로 인한 온난화는 우리나라를 넘어서 범세계적으로 문제가 되고 있습니다. 이는 누구보다도 여러분들이 더 잘 알고 계실 겁니다. 이산화탄소를 규제하기 위해 여러 나라들의 노력이 있었지만 대다수의 개발도상국들이 이를 지키지 않아 개선에 어려움이 많습니다."

"저는 수질 관리국의 박수분입니다. 해수면의 상승 속도가 갈수록 가속화되고 있는 실정입니다. 작년의 상승률이 지금까지 상승률의 3배에 달한다는 자료가 있습니다. 여러분들에게 나눠드린 유인물에 있으니 참고해 주십시오. 이런 속도로 간다면 향후 30년 이내에 산호 지대가 사라지게 될지도 모른다는 것이 저의 소견입니다."

가만히 듣고 있던 환경부 장관 청결해 여사가 말문을 열었다.

"정말 그 말이 맞다면 이러고 있을 때가 아니군요. 여러분들이 내세웠던 자료들을 토대로 당장 긴급 대책 위원회를 조직하겠어요."

"하지만 긴급 대책 위원회를 조직한다고 딱히 별수가 있는 것도 아닌 것 같습니다."

박수분 박사가 체념한 듯한 어조로 말하자 사람들이 술렁대기 시작했다.

"해보기도 전에 포기하는 건 박사답지 못하네요. 문제가 있다면 거기에 맞는 해결책을 제시하는 것이 학자의 도리가 아닙니까?"

"실은 저도 많은 고민을 했습니다. 그러나 당장 해수면 상승을 억제할 대책을 도무지 찾을 수가 없더군요. 설령 실행한다고 해도 우리나라뿐 아니라 세계적인 대책을 세워야 합니다. 우리끼리 대책 위원회를 조직하기보다는 전 세계에 이 문제를 알리는 것이 나을 것 같습니다."

"우리의 문제를 누가 해결해 준다는 보장은 할 수 있는 거요?"

"그래요. 시장 경제 논리에 의해 각자 나라의 이익과 관계된 일이 아니면 절대 도와주지 않을 거 같은데요."

잠시 정적이 흐른 후 청결해 여사가 결심을 한 듯 말을 했다.

"여러분, 그렇다고 이렇게 앉아서 망할 수는 없습니다. 우리나라는 독립한 후 누구보다도 빠른 경제 성장을 이룬 전설이 있지 않습니까? 이 문제는 박수분 박사님께서 말씀하셨듯이 우리나라에 국한된 문제가 아닌 범세계적인 문제이기에 거기에 맞는 범세계적인 대책이 필요할 것이라 생각됩니다. 제가 수상 각하께 보고 드리지요."

청결해 여사는 소집 회의 결과를 수상 안우현에게 보고했다.

"음……, 결국 우리나라 안에서는 해결될 수 없는 거군요."

"네, 전 세계 학회에 우리의 문제를 알리고, 같이 고민해야 한다는 걸 호소해야 할 듯합니다."

"그럼 장관님께 그 일을 위임하겠으니 발표를 준비하시오."

성명 발표를 한 후 과학공화국에서 안우현에게 연락이 왔다.

"이웃나라에 그런 고민거리가 있다는 것을 미처 알지 못했군요. 저희 과학공화국에 의뢰를 허락하시면 저희가 해결책을 강구해 보겠습니다."

"기쁜 소식이 아닐 수 없군요. 그럼 지금이라도 당장 지구법정에 의뢰를 하겠습니다."

이산화탄소와 수증기는 태양에서 지구로 오는 빛은 투과되지만,
지구에서 대기로 가는 빛에너지의 손실은 지연시킵니다.
이 에너지는 흡수되고 다시 재복사를 반복하면서
저층 대기를 온난화시킵니다.

섬이 사라질 수 있을까요?
지구법정에서 알아봅시다.

 이번 사건은 재주국이 사라질 수 있는지
에 대해 논의합니다. 먼저 지치 변호사 의
견 말해 주세요.

뜬금없이 왜 섬이 사라진다는 겁니까? 섬이나 대륙이나 주위
에 바다가 있는 것은 똑같은데, 섬이 사라질 정도로 해수면이
올라가면 대륙도 사라지는 거 아닌가요? 아주 높은 산만 빼
고 말입니다. 그러므로 재주국 안우현 수상의 주장은 일고의
가치가 없다고 생각합니다.

 어쓰 변호사 변론하세요.

 섬 연구소의 호로섬 박사를 증인으로 요청합니다.

 증인 요청을 받아들이겠습니다.

콧잔등에 커다란 점이 있는 40대 여자가 증인석으로
들어왔다.

 섬이 사라질 수 있습니까?

 네, 지금도 사라져 가는 섬이 있습니다.

어떤 섬이죠?

남태평양 적도 부근에 있는 '투발루' 라는 섬나라입니다. 투발루는 9개의 산호초로 이루어진 작은 섬으로, 세계에서 네 번째로 작은 나라입니다.

근데 왜 섬이 사라지는 거죠?

투발루 섬은 평균 해발 고도가 3m밖에 안 됩니다. 아무리 높아봐야 해발 5m가 고작이지요. 그래서 해수면이 점점 높아져 감에 따라 이 섬은 사라질 위기에 처해 있습니다.

왜 해수면이 높아지는 거죠?

지구의 온난화로 극지방의 얼음이 녹기 때문입니다. 과학자들은 2100년까지 해수면이 88cm 올라갈 것이라고 하는데 그러면 투발루 섬은 점점 물에 잠기기 시작할 것입니다. 따라서 이들 인구 9천 명은 다른 곳으로 옮겨야 할 것으로 추정합니다.

재주국도 마찬가지겠군요.

그렇습니다. 재주국도 해발 고도가 낮아 지구 온난화가 계속된다면 바다 속으로 사라질 수밖에 없지요.

잘 알았습니다. 지구 온난화의 책임은 세계 모든 나라에 있습니다. 따라서 세계의 모든 나라가 함께 대책을 강구할 것을 판결합니다. 이상 재판을 마치도록 하겠습니다.

재판이 끝난 후, 세계 사람들은 아름다운 재주국이 지구 온난화 때문에 점점 잠기고 있다는 소식을 듣고 아쉬워했다. 그래서 모두들 온난화를 지연시키기 위해 많은 대책들을 강구했다. 재주국 사람들은 섬이 사라지기 전까지는 재주국을 아름답고 좋은 나라로 만들어야겠다고 생각해 모든 생활을 친환경적으로 할 수 있도록 했다. 결국 재주국은 환경이 아름다운 나라로 모범이 되었다.

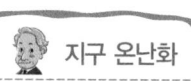 지구 온난화

지구의 대기에 열을 잘 흡수하는 이산화탄소와 같은 기체들이 많아져 지구의 온도가 올라가는 것을 말한다. 이는 지구의 평균 온도를 높이므로 극지방이 줄어들고 바다의 면적이 증가한다.

갯벌과 콘크리트

갯벌은 우리에게 어떤 도움을 줄까요?

사건속으로

과학공화국의 서쪽 바닷가에는 아름다운 갯벌을 가진 마을이 있었다. 그 갯벌은 한눈으로는 그 끝을 알 수 없을 만큼 넓고, 갖가지 바다 생물들이 서식을 하는 곳이어서 아름다운 광경뿐만 아니라 마을 사람들에게 생계 수단을 제공하는 중요한 곳이었다.

이 평화로운 갯벌 마을에 새로운 마을 이장이 취임하게 되었다.

"아이고, 어르신들 안녕하십니까? 이번에 새로 이장이 된 나봉팔이라고 합니다. 잘 부탁드립니다."

"허허, 새로 온 이장님이 아주 호탕해 보이고 좋네."

"마을이 더 발전하려나……."

마을 사람들은 젊은 이장의 출현으로 마을에 새로운 바람이 일어날 것이라고 크게 기대하고 있었다.

할아버지와 단 둘이 살고 있는 아홉 살 상실이도 낯선 사람이 신기해서인지 나봉팔을 졸졸 따라다니며 친구들과 시시덕거렸다.

"이놈들, 그러면 못 써. 이장님이 귀찮아 하시잖아."

"아닙니다. 이 아이들도 다 이 마을의 보물인걸요. 앞으로 자주 보자."

며칠 후 상실이는 갯벌 옆 방파제에서 강아지 꽃순이와 놀고 있었다. 할머니들은 낙지와 조개를 캐느라 분주했고 상실이의 할아버지는 저 멀리서 잎담배를 피우고 있었다. 그때 나봉팔이 양복을 빼입은 몇몇 사람들과 마을 여기저기를 돌아다니고 있는 것이 보였다. 상실이의 강아지 꽃순이가 낯선 사람들을 향해 짖자 주위에서 일하던 어른들은 무슨 일인가 싶어 하나 둘 뒤를 돌아봤다. 그러자 나봉팔이 다가왔다.

"어르신들, 수고하십니다. 여기 갯벌이 참으로 넓고 아름답네요."

"물론이지. 우리 마을 갯벌이 과학공화국 내에서 제일 넓은 것으로 유명하다우."

"암, 그렇고 말고. 근데 이장님, 저 분들은 누구세요??"

나정분 할머니가 물었다.

"다름이 아니고 우리 마을 갯벌의 가치가 상상을 초월한다고 서울에서 투자자들이 오셨어요. 이제 우리 마을도 도시처럼 발전될 가능성이 있다는 겁니다. 하하하.”

나봉팔이 호탕하게 웃으며 다시 신사들에게 가자 할머니들은 서로 수군대며 이야기를 했다.

그날 이후로 갯벌 마을엔 멀리 도시에서 온 듯 비싼 수입차를 탄 갑부들이 자주 드나들었고, 마을 사람들도 모르는 일들이 은밀하게 진행되는 안 좋은 분위기가 감돌기 시작했다. 상실이의 할아버지는 상실이에게 마을의 땅값이 비싸져 좋은 곳으로 이사를 갈 수 있을지도 모르겠다고 했다.

'정말 나도 여기 말고 다른 곳으로 이사를 가는 건가?'

생각뿐이었지만 아홉 살짜리의 기대를 부풀게 하기엔 충분했다.

다음날 어김없이 갯벌에 일하러 나온 할머니들은 어이없는 경우를 당하고 말았다. 갯벌 주위에 '출입 금지' 팻말과 띠가 쳐져 일을 할 수가 없었던 것이다.

“아니 이게 도대체 뭔 일이야?”

“갯벌에 무슨 출입 금지야 그래?”

그때 며칠 전 나봉팔과 같이 마을에 왔던 서울 사람이 나타났다.

“아이고 어르신들, 여긴 이제 출입 금지 구역이에요.”

“아니 왜 못 들어가는 거야? 오늘 낙지 많이 캐야 된단 말이야.”

할머니들의 성화에 그는 잠시 목을 가다듬고 말했다.

“어르신들은 이제 여기서 낙지 못 잡아요. 여긴 산책로와 공원으로 개발될 예정이니까요."

할머니들은 당장 돈벌이를 못 해 발을 동동 굴렸고, 마을 사람들은 마을회관에 집결했다.

"이건 필시 새로 온 이장이 저지른 일이에요."

"네, 마을을 개발하는 데 온 힘을 쏟는다더니 그게 이런 것일 줄이야."

"당장 나봉팔을 찾아 갑시다."

마을 사람들은 합세해 한창 개발 위원회와 회의 중인 나봉팔을 찾아갔다.

"아니 어르신들, 여기까지 웬일로……."

말이 끝나기도 전에 마을 사람들이 추궁을 했다.

"이보게 갯벌을 개발한다니, 이 무슨 청천벽력 같은 일인가 그래?"

"갯벌이 공원으로 되면 우린 뭘 먹고 살란 말이야?"

마을 사람들이 쉴 새 없이 몰아붙이자 개발 위원회에서 지위가 높아 보이는 사람이 나와서 대신 말했다.

"갯벌을 콘크리트로 메우고 산책로와 공원을 조성하면 마을에도 도움이 될 겁니다. 지금 투자자들도 발 벗고 나설 계획이니 어르신들은 가만히 앉아 계시기만 하면 됩니다."

"마을 사람들의 의견도 물어보지 않고 일을 진행하다니, 우리도 가만 있지 않을 거요."

마을 사람들은 그길로 공화국의 갯벌 보호 단체에 호소를 했고 보호 단체에서 개발 위원회를 찾아갔다.

"갯벌은 누구 한사람, 개개인의 소유가 아니라 국가와 자연의 것입니다. 그런데 눈앞의 이익 때문에 이렇게 어리석은 일을 저지른단 말입니까?"

"이게 누구 한사람 잘 되라고 하는 일입니까? 마을이 발전하면 지역 경제에도 도움이 되니까 하는 것이지요."

"정 그렇다면 당신들을 지구법정에 고발하겠소!"

갯벌은 각종 어패류의 서식지와 산란장을 제공하여
수많은 동식물이 조화롭게 공존하고 있습니다.
또한 오염 물질을 정화시키고 기후를 조절할 뿐만 아니라
관광 사업으로서의 가치를 가지고 있습니다.

갯벌이 하는 역할은 뭘까요?
지구법정에서 알아봅시다.

 먼저 피고 측 변론하세요.

 갯벌 그거 냄새 많이 나고, 게들이 돌아다
니면서 사람들 발을 물고, 그리고 질퍽거
러서 옷도 버리는데, 왜 그런 상태로 놔두나요? 바다를 바라
볼 수 있는 산책로를 만들면 관광 사업도 활성화되지 않을까
요? 그러므로 본 변호사는 갯벌 폐지를 주장합니다.

 원고 측 변론하세요.

 갯벌 연구소 소장 달구벌 박사를 증인으로 요청합니다.

　　머리에 붉은 두건을 둘러 쓴 30대 남자가 증인석
으로 들어왔다.

 피고 측 주장대로 갯벌은 불필요한 땅인가요?

 그렇지 않습니다. 갯벌은 생명이 살아 숨 쉬는 너무나 소중한
곳이지요.

 그런데 갯벌의 정의가 뭐죠?

 밀물이 해안으로 몰려올 때 자잘한 모래나 점토 같은 것들이

함께 운반되는데, 해안 중에 파도가 비교적 잔잔한 곳에 이 모래나 점토가 쌓이고 쌓여 아주 넓고 평탄한 지형이 만들어지게 되지요. 이것이 바로 갯벌입니다. 갯벌은 밀물 때에는 물에 잠기고, 썰물 때에는 드러나는 특징이 있습니다. 대한민국 총 갯벌 면적의 83%가 있는 서해안은 갯벌의 천국이지요.

 갯벌이 왜 소중한 거죠?

 갯벌이 하는 일이 많기 때문이지요. 갯벌은 강과 바닷물을 깨끗하게 하고, 홍수를 조절할 뿐만 아니라 생태적으로 가치가 아주 높아요. 그러니까 잘 보존해야 하지요.

점토

점토는 지름이 0.004mm 이하인 아주 작은 흙 알갱이다. 암석이 풍화되면 규소 · 알루미늄과 물이 결합한 점토 광물이 만들어진다. 이러한 점토를 많이 포함하고 있는 토양을 식토라고 부른다.

 그렇군요. 항상 환경 단체의 주장은 일리가 있다니까요. 그럼 판결하겠습니다. 갯벌에 콘크리트를 까는 것은 갯벌을 죽이는 일이므로 이를 금지할 것을 결정합니다. 이상으로 재판을 마치도록 하겠습니다.

재판이 끝난 후, 갯벌이 공원으로 바뀌는 것을 막게 된 마을 사람들은 다행이라고 생각하며 비로소 근심을 덜었다. 그러나 나봉팔이 이장으로 있는 동안은 계속해서 걱정을 해야 한다고 생각한 마을 사람들은 갯벌 마을의 이장을 바꿔달라고 정부에 청원을 했다.

과학성적 끌어올리기

바다 탄생의 비밀

바다는 처음에 어떻게 생겨났을까요? 과학자들은 처음 생겨난 지구는 영하 27℃의 차가운 공 모양이었을 것이라고 주장합니다. 그렇다면 처음 생겨난 지구에는 물이 없었다는 얘기일까요? 그렇지는 않습니다. 바닷물의 바탕이 된 물은 갓 생겨난 지구의 내부에 있었습니다. 화산 활동을 통해 이것이 수증기로 나와 구름이 되고 이것이 큰 비가 되어 바다를 만들었습니다.

갓 태어난 바다는 물에 녹기 쉬운 염산 따위가 들어 있어 신맛을 냈습니다. 큰 비가 되풀이하여 내리는 동안에 염소 가스는 물에 녹아들어 염산의 바다가 되었습니다.

그렇다면 염산의 바다가 생기는 이유는 무엇일까요? 그것은 지구 내부에서 솟아 나온 용암이 지니고 있던 염소 가스가 물에 녹아 빗물과 함께 바다에 녹아들었기 때문입니다. 그 후 오랫동안 계속 내린 비가 바위 속의 철, 칼슘, 나트륨 등을 녹여서, 바닷물이 산성에서 중성으로 변하고, 약 35억 년 전부터 지구 내부에 있던 물은 화산 폭발과 함께 수증기가 되고 이 수증기가 다시 비가 되어 내려 바닷물이 계속 늘어난 것입니다.

과학성적 끌어올리기

바다가 만들어지는 과정

이제 바다가 만들어지는 과정에 대해 좀 더 자세히 알아봅시다. 대기 중의 가스에는 수소와 수증기, 염소 가스 등이 함유되어 있었습니다. 지구의 온도가 내려가기 시작하자 수증기는 비가 되어 내렸고, 또 온천처럼 지하에서 뜨거운 물이 솟아 나왔습니다. 이 과정을 수천만 년이나 되풀이하는 동안 바다가 생겼습니다. 바닷물의 양은 20억 년 전에 지금의 양과 같은 정도가 되었다는 설이 있습니다.

바다가 만들어지는 과정은 다음과 같습니다. 먼저 뜨거운 지구가 식으면서 암석이 수축하거나 운석과의 충돌이 일어났고, 지각의 갈라진 틈에서는 수증기와 가스가 뿜어 나오기 시작했습니다. 그 후 화산 활동으로 지구는 용암으로 덮이고 갈라진 땅에서 뿜어 나온 수증기는 짙은 구름이 되어, 거센 비가 계속 내리기 시작했습니다. 그리고 지구는 점점 식어 갔고, 낮은 곳부터 빗물이 괴어 바다가 생겨났으며, 강한 산성비는 암석을 녹여 염류를 바다로 흘려보냈습니다. 이렇게 바다가 탄생되었고 점차 육지와 구분되었습니다.

과학성적 끌어올리기

최초의 생명체는 바다에서 태어났을까?

최초의 생명체는 바다에서 만들어진 것으로 알려져 있습니다. 화산 활동과 번개의 방전에 의해 바다나 호수에 내린 메탄과 암모니아 가스 등에 변화가 일어나고 여기에 태양의 자외선이 작용하여 단백질과 당분 등의 영양소가 생겨났습니다. 그 후 모든 생명의 근원인 코아세르베이트가 바다에서 생겨나고, 주위에 있던 죽 같은 물질을 흡수하여 커지면서 생명체가 되었습니다.

바다와 육지의 비율

지구 전체를 볼 때 육지는 북반구에, 바다는 남반구에 위치합니다. 바다 중에서 가장 큰 곳은 태평양으로, 전체 바다의 약 절반을 차지하고 있습니다. 태평양·인도양·대서양을 제외한 부속해의 비율은 6%밖에 안 됩니다. 바다는 크기에 따라 대양, 부속해, 지중해, 연해로 나눌 수 있습니다. 북반구에서 바다와 육지의 면적 비는 약 61:39입니다.

과학성적 끌어올리기

바닷물과 민물의 비교

지구상의 물은 모두 14억km³인데, 그중 바닷물의 양은 97.2% 인 13.7억km³나 됩니다. 강이 나르는 물의 양보다 증발해 가는 물의 양이 많으므로, 바닷물은 강물로 인해 늘지 않습니다. 그러나 공기 속에 포함되어 있는 수증기의 양은 약 1만 3000km³(지구상의 전체 물 중의 약 10만분의 1)로, 이것이 비가 되어 한꺼번에 내려도 바닷물의 깊이는 25mm 증가하는 데 그칩니다. 강물의 비율은 바닷물의 4만 분의 1입니다.

암염의 정체는 무엇일까?

암염이 있는 곳은 옛날에 바다였던 곳입니다. 지각 변동으로 바다 밑바닥이 솟아오르고, 바닷물이 갇혀 소금물의 호수로 변했습니다. 암염이 생긴 곳은 비가 적고, 강한 햇빛 때문에 물이 많이 증발하였습니다. 오랜 세월이 흐르는 동안 소금이 굳어져 암염이 되었습니다. 암염은 공업염 · 식염 · 소다의 원료 등으로 이용됩니다.

과학성적 끌어올리기

사해의 비밀

바닷물을 모두 증발시킨다면 약 70m의 소금이 쌓이게 되며, 이 것을 지구 전체에 뿌리면 약 50m의 소금이 쌓이게 됩니다. 사해는 이리비아 빈도의 북서쪽에 있는 염분이 낮은 바다로, 평균 수심은 146m입니다. 이곳의 바다 면은 보통의 바다 면보다 392m가 낮아 지표상의 최저점을 기록하고 있습니다. 사해는 염분이 많기 때문에 사람의 몸이 쉽게 뜹니다. 1년 동안 사해의 바닥에는 $1m^3$당 염류 1400g이 가라앉습니다. 사해의 염분은 보통 바닷물의 약 7배로 매우 짭니다.

바닷물은 왜 파랄까?

바닷물은 주로 물속에 포함되어 있는 플랑크톤이나 진흙 알갱이에 따라 그 빛깔이 달라집니다. 대개 육지에서 가까운 곳보다 대양의 한가운데, 한류보다는 난류 쪽이 더 푸른색을 띠고 있습니다. 투명도도 대양의 한가운데나 난류 쪽이 커서 깊은 곳까지 들여다

보입니다.

그럼 바닷물은 왜 파랗게 보일까? 햇빛은 태양으로부터 오고 또 여러 가지 색이 합쳐지는데 이 빛이 물방울 같은 데 부딪치면 그것이 나누어져서 일곱 가지 색으로 보입니다. 파란빛은 파장이 짧고, 붉은 빛은 파장이 길며 초록빛은 그 중간인데, 바닷물은 파장이 짧은 파란빛 이외에는 모두 흡수하여 버립니다. 태양의 빛은 7색으로 나눌 수 있으나 바다 속으로 들어가면 먼저 붉은색의 빛이 바닷물에 흡수되어 2m도 채 도달하기 전에 사라져 버립니다. 바다 속으로 들어가면 주위가 연녹색으로 보이는 것은 이 때문입니다. 더 깊이 내려가면 점점 청색으로 번져 갑니다. 또한 150m에서부터는 청색 이외의 광선은 사라져 버리며, 아무리 깨끗한 바다라도 태양의 빛이 400m 이상 닿지 않습니다.

바다 위에서 보면 바다 밑이 흰 모래일 때는 연한 파랑이다가, 검은 바위가 있으면 검푸르게 보입니다. 바닷물이 투명한 곳은 짙은 파랑이고, '흑조'라는 해류가 있는 곳은 검게 보입니다. 또한 식물성 플랑크톤이 있는 곳에서는 초록빛으로 보일 때도 있습니다. 동물성 플랑크톤이 있으면 바닷물이 붉게 보입니다.

파도와 해류에 관한 사건

제2장

파도① – 파도는 바람만이 만들까요?

파도② – 인공 파도 사건

파력 – 파도로 전기를

해류 – 해류의 방향이 바뀌다니요?

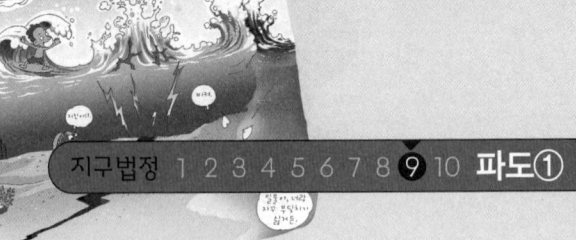
파도는 바람만이 만들까요?

파도가 생기는 이유는 무엇일까요?

사건속으로

"꺄악! 오빠 나 좀 봐 줘요!! 이 쪽이에요!"

"오빠 이 쪽 좀 봐 줘요!"

팬들의 고함 소리에 과학공화국 최고의 가수 티불노는 윙크를 찡긋했다.

"꺄악! 너 방금 티불노 오빠가 나한테 윙크하는 거 봤니? 너무 멋져요!!"

"뭐? 너보고 윙크했다고? 야! 웃기지 마! 티불노 오빠는 나보고 윙크한 거야! 아까 나보고 손도 흔들었는걸! 아, 나의 왕자님!!"

"뭐? 너보고 흔들었다고? 이게!!"

티불노의 윙크 한 번에 팬들이 서 있던 자리는 순식간에 아수라장이 되었다.

"이봐! 티불노! 팬들한테 윙크하지 말라니까! 밖에 나가 봐! 또 팬들 싸우잖아!"

"아, 정말! 매니저, 윙크도 내 마음대로 못 해? 내 눈도 내 마음대로 못 깜빡이냐고?"

"으이고, 자식이 자기가 얼마나 인기 있는 줄도 모르고! 네 윙크 한 번에 팬들 난리 나는 것 몰라? 저번에도 이런 소동을 일으키더니! 다시 윙크하기만 해 봐!"

"후후, 매니저 형! 형도 나의 매력 있는 윙크에 빠져드는구나? 그럼 형한테도 날려 줄게. 후후, 찡긋~."

"윽, 하지마!!! 남자가 징그럽게!!! 자, 장난치지 말고 이거 이번에 낼 신곡이야! 얼른 연습해!"

"제목이 뭔데? 'SeaSeaSea'? 무슨 Sea를 3번이나 제목에 넣어? Sea라면 '보다' 라는 뜻 아니야?"

"으이고! Sea는 '바다' 잖아, 바다!! 얼른 연습해!"

"SeaSeaSea라, 어디 한번 볼까? 후후."

티불노는 가사를 보며 흥얼거리기 시작했다.

"밤 12시 기차 역

나는 떠난다.

새벽 2시

어느새 바다에 도착

아무도 내 맘을 모르죠.

있나요, 바다에 온 적

영화처럼 갑자기 떠나온 적

바람만이 만드는 파도에 앉아 밤새본 적

쏟아지는 빗속에서 바다 본 적

아무도 내 맘을 모르죠."

"오, 이거 이번에 노래 잘 나왔는걸. 아, 갑자기 나도 파도치는 바다가 보고 싶다."

"요즘 많이 힘들지? 이번 곡만 잘 끝내. 그러면 형이 바다뿐만 아니라 이것저것 좋은 곳 다 구경시켜 줄게."

"아냐, 형 꼭 바다가 보고 싶어."

매니저는 티불노를 안쓰러운 눈빛으로 쳐다보았다.

"힘들긴 힘든가 보구나. 바다 보면서 마음 좀 달래고 오려고? 그래, 알았다."

"하하하하. 형, 그게 아니고 바다 가면 지금 비키니 입은 쭉쭉 빵빵 여자들 많을 것 아니야? 하하하하. 형, 나 바다 가고 싶어!"

"뭐라고? 이게!!!! 으이고! 얼른 연습이나 해! 한 달 뒤가 첫무대인 것 알지?"

"형……."

티불노는 장난기는 많지만 최고의 가수답게 연습할 때는 확실히

연습에 몰두하는 실력파 가수였다. 티불노는 한 달 동안 거의 잠도 제대로 자지 않고 맹연습을 했다. 이윽고 한 달이 지났다.

"이번 무대는 기다리고 기다리던 새 앨범을 들고 온 티불노입니다! 제목은 'SeaSeaSea'!!"

티불노는 최선을 다해 노래를 부르기 시작했다. 팬들의 뜨거운 호응과 박수가 끊이질 않았다.

"역시 티불노 오빠야! 노래 가사도 너무 좋아! 아, 티불노 오빠!! 꺄악, 멋져요!!"

티불노는 컴백 무대를 성공리에 마치고 팬들의 뜨거운 반응에 감격했다.

그런데 다음 날 티불노의 회사에 파도 학회 사람들이 찾아왔다.

"안녕하십니까, 우선 티불노 씨의 컴백 무대를 축하드립니다. 그런데 가사를 좀 수정해 주셔야 할 것 같습니다."

"뭐라고요? 얼마나 연습했는데! 도대체 뭣 때문에 고치란 말인가요?"

"티불노 씨의 노래는 파도에 대한 잘못된 지식을 가르쳐 줍니다. 그렇기 때문에 가사를 수정하라는 겁니다."

"예? 그게 무슨 말이죠? 저는 절대 그렇게 할 수 없어요! 지구법정에 당신을 고소하겠어요."

파도는 주로 바람에 의해 생기지만
기압 차, 조석, 해저 지진에 의해서도 만들어집니다.

여기는 지구법정

파도가 생기는 이유는
바람뿐일까요?
지구법정에서 알아봅시다.

 재판을 시작합니다. 먼저 원고 측 변론하
세요.

 파도는 바람 때문에 일어나는 현상입니
다. 잔잔한 물에 바람이 불면 파도가 만들어지잖아요? 그런
데 왜 가사가 잘못되었다는 거죠? 본 변호사는 티블노의 가
사가 과학적으로 아무 문제가 없다고 주장합니다.

 피고 측 변론하세요.

파도 학회장으로 있는 마파도 씨를 증인으로 요청합니다.

파마를 한 30대 남자가 푸른색 양복을 입고 증인석
으로 들어왔다.

 파도는 왜 생기는 거죠?

 여러 가지 원인으로 생깁니다.

 그럼 바람 말고도 원인이 있다는 얘기군요.

 그렇습니다. 주로 바람에 의해 생기지만 저기압에 의해서도
파도가 생깁니다.

 그 이유는 뭐죠?

 저기압은 주변보다 기압이 낮은 곳입니다. 즉, 저기압인 곳은 주위보다 공기들이 적지요. 그러다 보면 주위로부터 공기가 밀려들면서 이것이 파도를 일으킬 수 있어요.

 또 다른 원인은요?

 해저 지진에 의해 파도가 생길 수도 있어요. 이런 파도를 '쓰나미'라고 하는데 이 파도는 커다란 건물 높이만큼 커서 해안에 상륙하면 큰 피해를 주지요.

쓰나미

쓰나미는 지진해일 또는 해소라고도 부른다. 해저 화산 폭발이나 해저에서의 지진에 의해 발생하는 파장이 긴 해일을 말한다.

 그럼 또 다른 원인은요?

 밀물과 썰물도 파도를 일으킵니다.

 정말 여러 가지 이유가 있군요. 그렇다면 바람만이 파도를 일으킨다는 가사는 조금 잘못되었군요. 그렇다면 가사를 4절까지로 확장하여 각 절마다 파도를 일으키는 네 가지 원인을 밝히도록 하세요. 이상으로 재판을 마치도록 하겠습니다.

재판이 끝난 후, 티불노의 노래는 파도를 일으키는 네 가지 원인을 다 넣게 되어 4절까지 늘어나버렸다. 그 덕에 4절을 모두 외워야 하는 티불노는 힘들어 했지만, 과학적 원리까지 담은 노래라고 사람들에게 입소문이 나서 인기가 더 좋아졌다. 티불노는 그것에 위로를 받으며 열심히 노래했다.

인공 파도 사건

인공 파도는 어떻게 만들까요?

사건속으로

나오해 여사는 물놀이를 즐긴다. 가족들, 친구들
과 물놀이를 가는 것이 여름 최고의 낙이라고 생각
한다. 올해도 그녀는 가족들과 멀리 동해 바다에
갈 생각을 하고 미리 수영장에 가서 수영을 배우기로 했다. 집에서
500m거리에 있는 '김구라' 수영장에 등록을 하기 위해 아파트의
부녀회 친구들과 같이 갔다.

"수영장이 정말 크다. 안 그래 오해야?"

"여기서 빨리 배워 얼른 바다로 가야지."

등록을 하고 수영복으로 갈아입은 오해와 친구들은 수영장 강사를 만나게 되었다.

"반갑습니다. 저는 구라 수영장의 강사 구라야입니다. 여사님들께선 수영을 잘하시나요?"

"아니요, 이번에 애들이랑 남편이랑 바다에 가서 잘 놀고 싶어서 배우러 왔어요."

"수영장에서 수영을 배우고 왜 바다에 가서 놀죠??"

구라야 강사는 궁금하다는 듯 물었다.

"그야 물론 바다가 재미있으니까요."

장난해 여사는 당연하다는 듯 답했다.

"그럼 바다가 왜 수영장보다 재미있는지 말해 보시겠어요?"

나오해 여사는 한참 고민하다 대답했다.

"백사장도 있고, 파도도 있으니까요."

"그렇다면 저희 구라 수영장에서 충분히 수영도 배우시고 바캉스도 즐기시면 되겠네요. 뭐 하러 그 먼 바다 해수욕장까지 가세요?? 저희 수영장엔 파도도 있다고요."

"네? 아니 무슨 수영장에 파도가 있지요??"

구라야 강사는 답답하다는 듯 말했다.

"저희 수영장은 해수욕장처럼 파도가 칩니다."

며칠이 지난 후 나오해 여사는 해수욕장에서 일하는 한 친구와 통화를 하게 되었다.

"잘 지내니? 곧 휴가철이 오면 해수욕장 일이 바빠지겠는걸??"

"그냥 그렇지 뭐. 매년 있는 일인걸. 근데 올해는 어디 해수욕장에 갈 거야? 새로 생긴 데 있는데 알려 줄까?"

"그게 있잖아, 올해는 아무래도 해수욕장은 못 갈 것 같은데."

"무슨 소리야? 매 년 빠지지 않고 갔잖아. 무슨 일이라도 있어??"

친구가 궁금한 듯 물었다.

"다름이 아니고, 수영장에서 휴가를 보내게 되었어."

"왜? 무슨 휴가를 수영장에서 보내는데?"

"글쎄, 우리 수영장이 해수욕장보다도 더 잘 되어 있거든. 호호, 파도도 있고."

"엉? 무슨 수영장에 파도가 있어??"

"강사님이 해수욕장까지 갈 필요 없이 수영장에서 만끽하라고 하더라고."

"그거 뭔가 이상한데? 잠깐만 기다려."

친구와 전화를 끊은 나오해 여사는 시간에 맞춰 구라 수영장에 가서 수영을 배우고 있었다. 좀 미덥지는 않았지만 강사가 설마 손님들에게 장난을 칠 리는 없다고 생각했다.

그러던 어느 날 해수욕장에서 일하는 친구가 수영장에 있는 나오해 여사를 찾아왔다.

"어머 여기까지 웬일이야?"

"내가 우리 협회를 대표해서 여기까지 오게 됐어. 네가 전에 말했던 그 강사 어딨어?"

"무슨 강사? 혹시 전에 파도 이야기 때문에 온 거야?"

"물론이지. 뭔가 문제가 있는 듯해서 그 분 좀 봐야겠어."

친구는 씩씩거리며 사무실 안으로 들어갔다.

"어서 오세요. 나여사님 오늘은 친구를 데려오셨네요?"

"친구는 맞는데요, 그게 할 말이 있다고 해서……."

"안녕하세요. 저는 전국 해수욕장 협회에서 왔는데, 나오해 씨께 바캉스 갈 필요 없다는 말을 했다고요??"

"아……, 네 그렇게 밀했죠. 파도 때문에 바다에 간다는 말을 듣고 굳이 뭐 하러 그 먼 곳까지 가서 노냐고요, 여기 수영장에서도 충분한데 말이죠."

"그럼 강사님 말은 여기에서도 파도가 친다는 말이군요."

"네, 저희 구라 수영장엔 파도가 있어서 굳이 해수욕장에 갈 필요가 없다고요."

"무슨 수영장에 파도가 있어요? 당연히 바다에 가야만 파도가 있는 것 아니에요?"

"직접 보시지도 않고 여기 와서 따지시면 어떡합니까?"

"볼 필요도 없이 여기 수영장은 완전 사기예요."

"그럼 사기인지 아닌지 한번 지구법정에 의뢰를 해 볼까요?"

어마어마한 양의 물을 물탱크에 저장한 뒤
이것을 한꺼번에 내보내면 거대한 인공 파도를 만들 수 있습니다.

여기는 지구법정

수영장에 파도가 있을 수 있을까요?
지구법정에서 알아봅시다.

재판을 시작합니다. 먼저 해수욕장 협회 측 지치 변호사 변론하세요.

파도는 바다만이 가진 아름다운 현상입니다. 수영장에서 파도가 어떻게 만들어져요? 정말 말도 안 되는 사기입니다. 정말 구라 수영장은 이름처럼 사람들을 속이는군요. 구라 수영장을 과학 사기죄로 처벌할 것을 주장합니다.

구라 수영장 측 어쓰 변호사 변론하세요.

파도 연구소의 아파도 박사를 증인으로 요청합니다.

여기저기가 아파 보이는 50대 남자가 증인석으로 걸어 들어왔다.

수영장에 파도를 만들 수 있나요?

인공 파도를 만들 수 있습니다. 인공 파도도 바다에서 치는 진짜 파도 못지않게 철썩철썩 오르락내리락하지요. 2m가 넘는 인공 파도도 만들 수 있어요.

 어떻게 만들죠?

 인공 파도 수영장은 10여m의 벽으로
되어 있어요. 이 벽 속에는 파도를 만
드는 장치가 들어 있지요. 벽 안에 있
는 10여 개의 거대한 물탱크에는 각
각 95톤의 물을 저장할 수 있어요. 이
렇게 어마어마한 양의 물을 저장해

파동

파도와 같이 한 지점에서의 진동
(오르락내리락거림)이 순차적으로
옆으로 전해지는 것을 파동이라
고 부른다. 파동이 가장 높아지
는 지점을 마루, 가장 낮아지는
지점을 골이라고 부른다.

놨다가 10개의 물탱크 문을 동시에 열면 950톤의 물이 수영
장 안으로 쏟아져 들어가면서 거대한 파도가 만들어집니다.

 정말 재밌겠군요. 여름마다 파도타기를 하려고 사람 많은 해
수욕장으로 갈 필요 없이 수영장에서 인공 파도타기를 하면
서 시간을 보내는 것도 좋을 것 같군요. 구라 수영장의 파도
는 비록 인공 파도이지만 파도는 파도이므로 사기가 아님을
판결합니다. 이상으로 재판을 마치도록 하겠습니다.

　재판이 끝난 후, 해수욕장에 가지 않고도 파도를 즐길 수 있는
방법이 알려지자 많은 실내 수영장에서 인공 파도를 만들었다. 그
래서 그 해 여름에는 해수욕장에만 가던 사람들이 해수욕장과 실
내 수영장에서 각각 피서를 즐기게 되어 해수욕장도 많이 복잡하
지 않고, 실내 수영장도 활기를 띠어 멋진 여름이 되었다고 한다.

파도로 전기를?

바닷물을 이용해 전기를 만들 수 있는 방법에는 어떤 것이 있을까요?

"아버지, 아버지를 아버지라 부르지 못하고 형을 형이라 부르지 못하니 저는 집에 더 이상 못 있겠습니다."

"아니, 이놈이! 그럼 이제까지 아버지라 부른 건 다 뭐냐?"

"음, 아버지! 원래 출가할 때는 이렇게 해야 한다고 전래 동화에 나오던데, 아닌가요?"

"쿵! 으이고, 꿀밤이나 맞고 정신 차려!"

길똥이는 어렸을 때부터 세상을 떠돌고 싶은 마음이 가슴에 가득 찬 아이였다. 넓은 세상을 생각하면 가슴이 벅차오르며 저 먼 곳이 그려지곤 했다. 하지만 집에서는 어린 길똥이가 세상 여행을 하도록 오랫동안 밖으로 내 보내 줄 리 없었다.

"아버지, 세상 구경을 하며 이곳저곳에서 많은 것을 배우고 싶습니다. 허락해 주십시오."

"안 된다. 너는 너무 어려."

"아버지, 너무나 세상 구경을 하고 싶어 속이 연탄처럼 새까맣게 다 탈 지경입니다. 제발 좀 허락해 주십시오."

"정 그렇다면 나와 게임을 하나 하자꾸나! 이 게임에서 네가 이기면 2년간 너를 보내 주겠다."

길똥이의 가슴은 두근거리기 시작했다.

"게임은 바로 '당연하죠!' 이다. 무조건 상대방의 말에 '당연하죠!' 라고 대답하면 이기는 거야! 나부터 하겠다."

'무조건 '당연하죠' 만 하면 된다고? 후후, 이렇게 쉬운 게임이 어디 있어? 이거 아예 결판이 안 나는 거 아냐?

"길똥아, 너 어제 이불에 오줌 쌌지?"

"당연하죠. 아버지, 사실은 아버지가 아니라 제 할아버지죠?"

"……당연하죠. 며칠 전에 서재에 있던 항아리 네가 깨뜨렸지?"

순간 길똥이는 뜨끔했다. 아버지가 노발대발했던 항아리 사건의 밝혀지지 않은 범인은 길똥이였던 것이다.

"당연하죠! 게임이니까 이렇게 말한 거예요. 아버지, 머리카락 그거 가발이죠? 사실은 대머리잖아요."

순간 길똥이의 아버지 역시 당황했다.

'이 자식이 아무에게도 말하지 않은 내 비밀을! 이건 쥐마켓에서 산 최고급이라서 티도 안 나는 건데!'

"당연하죠! 길똥이 너 사실은 세상 여행 가고 싶다는 것 뻥이지?"

"……."

길똥이는 대답하지 못했다. 세상 여행을 가고 싶은 마음이 너무 간절해서 도저히 '당연하죠'라는 대답을 할 수 없었다. 그러고는 닭똥 같은 눈물을 뚝뚝 흘렸다. 그 모습을 본 길똥이의 아버지는 길똥이를 보내 주기로 결심했다.

"길똥아, 너의 간절한 마음을 이제 알겠구나. 그래, 2년간 마음껏 세상을 누비다가 오렴. 많은 것을 보고 많은 것을 느끼고 배울 거다. 모두 다 너의 것으로 만들어 오렴."

그렇게 해서 길똥이는 2년간의 여행에 첫걸음을 내딛었다.

길똥이는 발길이 닿는 대로 여행을 다녔다. 신기한 것들을 많이 보고 여러 문화를 배우며 그 속에서 점차 성장해 갔다.

어느새 아버지와 약속했던 2년이 다가오고 있었다. 길똥이는 2년간 세상 여행의 마지막 동네에 머무르게 되었다.

'이제 이 동네를 마지막으로 나는 집으로 돌아가야겠구나. 정말 값진 2년이었어. 나는 정말 많은 것을 보고 느꼈고 그것들은 전부 내 가슴과 머릿속 한 편에 자리 잡고 있어.'

길똥이는 상념 속에서 마지막 마을을 둘러보았다.

'이렇게 파도가 심하게 치는 마을은 처음 보는걸? 거센 파도야, 아무리 네가 날뛰어도 너의 뿌리는 바다인 것을…….'

시간이 흘러 밤이 되었다. 길똥이는 방에서 책을 읽기 위해 불을 켜려고 했으나 켜지지 않았다. 방 밖으로 나가 살펴보니 마을 전체가 깜깜했다. 길똥이는 주인에게 가서 물었다.

"저기, 책을 읽으려 하는데 불이 켜지지 않습니다. 마을 전체가 캄캄한 것 같은데 무슨 일입니까?"

"아, 저희 마을은 원래 전기가 부족해요. 정부에서 우리 마을에 전기 공급을 잘 안 해 줘서 어쩔 수가 없어요. 휴……."

그 말을 듣는 순간 길똥이의 머릿속에 낮에 보았던 바닷가가 번쩍하고 떠올랐다.

"정부에서 공급을 안 해 주면 우리가 전기를 일으키면 되지요!"

"예? 그게 가능한가요?"

"물론 가능하죠!"

이 소식은 마을 전체에 퍼지게 되었다. 동네 사람들이 길똥이를 찾아왔다.

"당신이 그 사기꾼이오?"

"예? 사기꾼이라뇨?"

"당신이 우리 힘으로 전기를 일으킬 수 있다며 마을 사람들을 꼬드겼다고 들었소! 그게 가능한 일이오? 미안하지만 우리는 당신을 사기꾼으로 지구법정에 고소하겠소!"

바닷물을 이용하면 전기를 만들 수 있습니다.
파도의 힘을 이용해 전기를 만드는 것을 파력 발전, 밀물과 썰물의
수위 차이를 이용해 전기를 만드는 것을 조력 발전이라고 합니다.

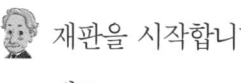

파도로 전기를 만들 수 있을까요?
지구법정에서 알아봅시다.

 재판을 시작합니다. 먼저 원고 측 변론하세요.

 파도로 어떻게 전기를 만듭니까? 파도로 할 수 있는 건 파도타기의 즐거움 정도밖에 없어요. 전기는 발전소에서 만드는 거지요. 웬 파도로 전기를 만든다는 건지 나 원 참 이해가 안 되네요.

 언제 지치 변호사가 이해되는 사건이 있었습니까?

 …….

 피고 측 변론하세요.

파력 연구소의 웨이브포스 박사를 증인으로 요청합니다.

연체동물같이 온몸을 흐느적거리는 사내가 증인석으로 힘없이 걸어 들어왔다.

 파도로 전기를 만들 수 있나요?

 물론입니다. 파도의 힘을 이용해 전기를 일으키는 것을 파력발전이라고 합니다.

 어떤 원리이죠?

 파력 발전 장치를 통해 파도의 상하 운동과 수평 운동을 회전 운동으로 바꾸고 그 에너지로 터빈을 돌려 발전하지요.

 어떤 장점이 있지요?

 연료를 쓰지 않아 공해가 없다는 장점이 있어요.

발전

다른 종류의 에너지를 전기에너지로 바꾸는 것을 말한다. 예를 들어 수력 발전은 물의 운동에너지를 전기에너지로 바꾸는 것이고, 화력 발전은 열에너지를 전기에너지로 바꾸는 것이다.

 파도 말고 바닷물을 이용하여 전기를 얻는 방법이 또 있나요?

 조력 발전이 있어요.

 그건 뭐죠?

 밀물과 썰물의 수위 차이를 이용하여 터빈을 돌려 발전하는 거죠.

 놀라워요. 파도의 힘을 이용해 공짜로 발전을 하다니. 앞으로 전 세계가 환경 문제와 에너지 문제를 위해 이렇게 자연을 이용한 무공해 발전 방법을 도입해야 한다고 본 판사는 생각합니다. 이상으로 재판을 마치도록 하겠습니다.

재판이 끝난 후, 길똥이의 말대로 파도의 힘으로 전기를 얻을 수 있다는 것을 알게 된 마을 사람들은 놀라워하며 전기를 얻기 위해 발전소를 세웠고, 그 발전소 이름은 '길똥 발전소'가 되었다.

해류의 방향이 바뀌다니요?

인도양 해류의 방향이 바뀌는 이유는 무엇일까요?

"오늘 숙제를 내 주겠어요! 반장, 교무실에 가서
선생님 책상 위에 있는 봉투를 가져오세요."

"숙제요? 아, 싫어요! 내지 마세요! 내지 마세요!"

반 아이들은 손을 흔들며 소리쳤다.

"후후, 이번 숙제는 머리로 하는 숙제가 아니에요!"

"봉투? 설마 저번에 쳤던 시험 성적표 아냐? 난 이제 죽었다."

아이들은 자기들끼리 추측하곤 얼굴이 어두워졌다. 마침내 반장
이 봉투를 가져왔다.

담임 선생님이 봉투에서 무언가를 꺼내자 아이들의 얼굴에는 의

아해 하는 표정이 떠올랐다.

"여러분! 이건 바로 채변 봉투예요."

"채변 봉투? 그게 뭐지?"

"아! 저거 똥 봉투 아냐?"

"예, 맞아요. 내일까지 모두 채변 봉투에 변을 조금씩 담아 오세요. 여러분 건강을 검사하는 거예요. 알겠죠? 이게 오늘 숙제니까 한사람도 빠짐없이 꼭 다 해 오세요."

아이들은 각자 채변 봉투를 들고 집으로 갔다.

"야, 공수도! 너 그거 언제 할 거야? 어휴, 정말 귀찮지 않아?"

"응, 귀찮아 죽겠어. 봉호야, 너희 집에 아직도 강아지 있어?"

"우리 예삐? 아직도 집에 있지! 왜?"

"아냐! 나 오늘 너희 집에 놀러 가도 돼?"

"오늘? 갑자기 왜? 나야 좋지. 그럼 우리 집으로 렛츠 고~~."

수도와 봉호는 함께 봉호네 집으로 향했다.

"와, 예삐 정말 많이 컸네. 너무 귀엽다!"

"응! 근데 예삐 만지지 마, 요즘 안 씻겨서 좀 더러워. 우리 컴퓨터 게임이나 할까?"

"너 먼저 좀 하고 있어. 나 잠깐만 화장실 좀 다녀올게."

봉호는 먼저 방에 들어가 컴퓨터를 켜고 게임을 시작했다. 하지만 한참이 지나도 수도는 오지 않았다.

"수도야! 안 와?"

거실로 나가보니 어느새 수도는 집에 가 버리고 없었다.

"거참, 이상한 녀석이네. 같이 컴퓨터 게임하러 온 것 아니었어? 급한 일이 있으면 간다고 말을 하든지."

봉호는 옆에 놓여 있던 자신의 책가방을 툭 쳤다. 그러자 책가방에서 봉투가 툭 하고 떨어졌다.

"아, 채변 봉투! 아 짜증나! 얼른 해치워 버려야겠다!"

봉호는 봉투를 들고 화장실로 가서 숙제를 해결했다. 그리고 나서 변기에 물을 내리니 변기 속 물이 한 방향으로 돌며 아래로 빠지는 것이 아닌가?

"어라, 변기 물이 한 방향으로 흐르면서 아래로 빠지네? 왜 여태까지는 이걸 몰랐지? 그럼 바다도 흐름이 있다는 건가?"

문득 봉호는 궁금증이 생겼다. 그래서 컴퓨터 게임을 중단하고 인터넷으로 해류에 대해서 조사하기 시작했다. 저녁 먹으라는 엄마의 소리도 못 들을 정도로 열중했다.

어느새 해는 밝아 다음 날 아침이 되었다.

"자, 모두들 채변 봉투 가져왔죠? 얼른 내세요!"

담임 선생님은 봉투를 모두 걷은 후 1교시 수업을 시작했다. 밤새도록 해류에 대해 조사했던 봉호는 쏟아지는 잠을 억지로 참으며 수업을 들었다. 종례 시간이 되고, 선생님이 다시 들어왔다.

"자, 오늘 가져 왔던 숙제 검사가 모두 끝났어요, 호호. 자, 수도 학생은 여기 선물이 있어요. 앞에 나와서 받아 가세요. 수도는 몸

안에 안 좋은 벌레가 있으니 이틀 동안 이 약을 잊지 말고 꼬박 꼬박 챙겨 먹어요. 알았죠?"

"약……, 약이요? 선생님, 사실은 그거 제 똥 아니에요. 그거 사실은……, 봉호네 강아지 똥 담아 온 거예요."

"뭐야????"

순간 봉호를 비롯한 반 전체는 웃음으로 한바탕 뒤집어졌다.

'그래서 어제 저 자식이 왔다가 슬그머니 사라졌구나, 하하하.'

"공수노! 다음부턴 절대 그러지마! 알겠니? 그럼 약은 봉호네 강아지가 먹어야 하나?"

다시 한 번 아이들은 크게 웃었다.

봉호는 수업을 마치자마자 도서관에 가서 해류에 관한 여러 책들을 읽고 다시 집으로 와서 인터넷으로 해류에 대한 공부를 했다.

그렇게 며칠 동안 공부를 한 봉호는 자신의 연구를 정리해서 인터넷에 올렸다. 많은 사람들이 봉호의 '세계의 해류' 라는 글을 읽고 초등학교 6학년이 쓴 글이라는 것에 놀라워하였다.

그런데 인도양을 연구하던 인도스라는 이름의 과학자가 봉호의 '세계의 해류' 는 잘못된 연구라며 비판을 했다. 인도양의 해류는 방향이 바뀌는데 '세계의 해류' 에는 해류의 방향이 한 방향으로만 표시되어 있다며 두 방향 모두 책에 표시해야 한다고 주장하였다.

"말도 안 됩니다. 해류는 한 방향입니다!"

봉호는 반박하면서 인도스 박사를 지구법정에 고소했다.

계절에 따라 달라지는 바람의 방향 때문에
인도양은 일 년에 두 번씩 해류의 방향이 바뀝니다.

여기는 지구법정

인도양의 해류는 방향이 바뀔까요?
지구법정에서 알아봅시다.

 재판을 시작합니다. 원고 측 변론하세요.

해류는 흔히 '바다의 강'이라고 부릅니다. 강물이 상류에서 하류로 흐르는 일정한 방향이 있듯이 해류도 마찬가지로 하나의 흐름 방향이 있지요. 그런데 해류의 방향이 두 개라니요? 인도스 박사는 도대체 뭐 하는 사람인지 그게 의심스럽습니다.

 피고 측 변론하세요.

 이번 사건의 피고인 인도스 박사를 증인으로 요청합니다.

인도 복장에 두건을 두른 50대 남자가 증인석에 앉았다.

증인은 인도양의 해류 방향이 바뀐다고 주장했죠? 해류의 방향은 강물처럼 한 방향 아닌가요?

대개는 그렇지요. 하지만 인도양 북부의 경우는 다릅니다. 인도양의 해류는 일 년에 두 번씩 흐르는 방향이 바뀝니다.

그 이유는 뭐죠?

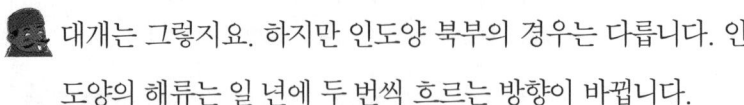

바로 계절풍 때문입니다.

 잘 이해가 안 가는군요.

 계절에 따라 바람의 방향이 달라지는데 인도양에서는 겨울에
는 북동계절풍이 불고 여름에는 남서계절풍이 붑니다. 이 때
문에 인도양 북부의 해류는 여름과 겨울에 방향이 바뀌게 되
지요. 즉 겨울에는 북동계절풍이 해류를 만들어 남서 방향으
로 해류가 발생하고, 여름에는 반대로 남서계절풍이 해류를
만들어 북동 방향으로 해류가 발생하지요.

 이제 감이 옵니다. 그렇다면 인도스 박사의 주장대로 인도양
북부의 해류는 두 방향을 모두 표시해야 올바른 책이 되겠군
요. 그럼 이번 책의 수정 작업에 인도스 박사를 참여시켜 제
대로 된 과학책으로 완성할 것을 판결합니다. 이상으로 재판
을 마치도록 하겠습니다.

　　재판이 끝난 후, 봉호는 인도스 박사의 말이 맞다는 것을 인정할
수밖에 없었다. 대신 인도스 박사에게 해류에 대해 더 자세히 배워
서 정확한 정보로 과학책을 만들어 보겠다고 다짐했다.

 해류

해류는 바람과 밀도 차이에 의해 생긴다. 바람에 의한 해류를 표층해류라고 부르고 밀도 차이에 의
한 해류를 심층해류라고 부른다.

과학성적 끌어올리기

조력 발전

밀물과 썰물의 차를 이용하여 터빈을 돌려 발전하는 것을 조력 발전이라고 합니다. 이것은 만에다 댐을 만들어 밀물 때 바닷물을 지수했다가 썰물 때 바닷물을 흘러보냅니다. 이 바닷물이 들어왔다 나갔다 하는 것을 이용해서 터빈을 돌려 전기를 일으킵니다.

해류는 어떤 역할을 할까?

해류는 난류와 한류가 서로 섞이도록 해서 적도와 극지의 온도차를 줄여 줍니다. 북반구의 해류가 1시간 동안 날라다 주는 열량을 석유로 계산하면 48만 톤짜리 유조선으로 270척 분량입니다. 해수의 순환에 의해서 저위도의 열이 고위도로 운반됩니다. 이와 같이 해류는 열을 이동시키므로 연안의 기후에도 영향을 미칩니다. 알래스카의 남부와 영국 및 북유럽 여러 나라는 우리나라보다 훨씬 더 북쪽에 위치하고 있지만, 겨울철에도 난류가 흘러오므로 우리나라보다 덜 춥습니다.

과학성적 끌어올리기

밀물과 썰물이 생기는 까닭

밀물에서 밀물까지 또는 썰물에서 썰물까지의 시간은 평균 12시간 25분입니다. 밀물 때는 달에 끌리는 쪽만이 아니라 그 반대쪽도 밀물이 됩니다. 왜 그럴까요? 달을 향한 곳에서는 달의 인력이 지구의 원심력보다 강하기 때문에 바닷물이 달 방향으로 솟아오르고, 달과 반대되는 곳에서는 인력보다 원심력이 강하기 때문에 바닷물이 달과 반대되는 방향으로 솟아오릅니다.

밀물과 썰물은 달뿐 아니라 태양과도 관계가 있지만 태양은 지구와의 거리가 너무 멀기 때문에 밀물과 썰물에 미치는 영향은 달의 반밖에 안 됩니다.

달과 태양이 일직선상에 위치하는 보름달이나 초승달의 경우에는 달의 인력과 태양의 인력이 겹치기 때문에 바다는 더욱 부풀어오릅니다. 이때를 사리(큰 밀물과 큰 썰물)라고 하고, 상현달이나 하현달인 경우에는 태양과 달의 인력이 상쇄되기 때문에 인력이 약해져 조금(작은 밀물과 작은 썰물)이 생깁니다.

과학성적 끌어올리기

사르가소 바다의 신비

　사르가소 바다는 바람이 없고, 바다 속에서 자란 바닷말이 많아
배가 잘못 걸려든다면 빠져 나갈 길이 없는 곳입니다. 사르가소 해
는 해류와 해류의 흐름 속에 갇혀 있는 바다입니다.

과학성적 끌어올리기

해류 발전

바다의 강이라고 볼 수 있는 해류의 운동에너지를 이용하여 전기를 만들 수 있습니다. 이것을 해류 발전이라고 하는데 이것은 해류가 빠르게, 일정한 방향으로만 흐르는 곳에서 가능합니다. 이 경우 해류의 운동에너지가 터빈을 돌려 발전을 하게 됩니다. 한국에서는 아직 해류 발전을 성공한 적이 없지만 이웃나라 일본에서는 1983년 가지마 해협에서 세계 최초로 해류 발전에 성공했습니다. 이때 해류의 속도는 3킬로노트였고 여기서 얻은 전력은 1000킬로와트 정도였습니다. 세계적으로 해류 발전은 아직 초보 단계이지만 계속 발전되고 있습니다. 해류 발전은 제작과 설치비용이 많이 들지만 발전 효율이 원자력 발전보다 약 68%, 화력 발전보다 40% 높아 경제적입니다.

해류 발전이 가능한 해류로는 미국 동해안의 멕시코 만류, 해류의 속도가 빠른 마젤란 해협과 지브롤터 해협 그리고 한국에서는 쿠로시오 해류가 흐르는 동·남해안 등이 있습니다.

과학성적 끌어올리기

파도

파도가 일어나는 원인으로는 바람 · 지진 · 산사태 · 화산의 폭발 등이 있습니다. 그 밖에 수면에 변형이 생겼을 때, 중력과 물의 표면장력 때문에도 일어납니다. 물과 파도가 함께 움직이고 있는 것처럼 보이지만 물은 앞으로 진행하지 않고 위 아래로 오르락내리락 거리면서 파도의 에너지만이 전해집니다. 파도의 힘은 해면에서 내려감에 따라 약화돼 바다 속에는 별로 영향을 미치지 못합니다. 또한 파도는 바람이 강하고 오래 불수록 높아지고 육지에 가까울수록 약해집니다. 파도의 세기는 다음과 같이 나누어집니다.

풍량 계급 1 잔물결이 나타난다.
풍량 계급 4 흰 파도가 생긴다.
풍량 계급 5 파도가 상당히 높다.
풍량 계급 9 파도가 매우 거칠다.

과학성적 끌어올리기

해수의 순환과 해류

바닷물은 전 세계를 순환합니다. 이 바닷물의 순환을 일으키는 요인으로는 수온·염분·바람·지각 열류량 등이 있습니다. 넓은 바다에는 강물이 흐르듯이 띠처럼 일정한 방향으로 바닷물이 흐르고 있는데 이것을 해류라고 합니다.

유빙과 빙산

유빙이란 바닷물이 얼어서 만들어진 것이고 빙산은 육지에서 언 얼음이 바다로 밀려온 것을 말합니다. 유빙은 여러 곳을 흘러 다닌다고 붙여진 이름입니다. 유빙이 녹을 때는 염분이 먼저 흘러내리고 남은 얼음이 녹기 때문에 유빙에는 염분이 없습니다. 그래서 에스키모 인들은 유빙을 민물 대신 식수로 사용합니다.

과학성적 끌어올리기

해류가 없어지면 어떤 일이 일어날까?

세계의 기후를 좌우하는 것이 해류라고 해도 과언이 아닙니다. 해류가 멎는다면 적도 근처는 영상 40℃를 오르내리고, 북극이나 남극은 영하 40℃가 되어 당장 얼어붙을 것입니다. 해류가 없어지면 바다가 흡수하는 태양열이 약해져 점점 지구가 식게 되어 얼음에 둘러싸이는 빙하기가 오게 됩니다.

제3장

바다 속에 관한 사건

HELP

119

잠수① – 줄을 너무 빨리 당기면 어떡해요?

잠수② – 인간의 잠수 한계

해저 지형 – 바다에도 산 있어요

해저 생활 – 바다 속 의사소통

바다 속 지형 – 바다 속에 웬 선상지

줄을 너무 빨리 당기면 어떡해요?

잠수병이란 왜 생기는 것일까요?

이손재와 나무늬 커플은 햇살에 반짝이는 모래 사장 사이로 파아란 파도가 조금씩 밀려들고 있는 환상적인 바닷가로 신혼여행을 오게 되었다. 바닷가에는 너무나도 행복해 보이는 한 커플이 모래사장 위를 뛰어 다니며 마음껏 사랑을 표현하고 있었다.

"자기야~, 나 잡아 봐요. 호호호."

"아잉, 자기가 너무 빨라서 잡을 수가 없는걸! 이런, 우리 자기 벌써 나한테 잡혀 버렸네. 후후, 자기 너~무 귀여워."

나무늬는 순간 그 커플이 정말 부러웠다.

"여보야, 나 잡아 봐요! 호호호."

나무늬는 갑자기 뛰기 시작했다.

"저 여자 왜 저래?"

이손재는 뛰어가는 나무늬를 힐끔 보고는 그냥 계속 서 있었다.

"여보야! 나 잡아 보라니까! 아잉 얼른~."

"아니, 귀찮게 왜 나보고 잡으라 마라야?"

"아니! 이이가 정말! 자기야, 저번에 엘리베이터 안에서 사람들이 자기 보고 방귀 뀌었다고 손가락질하며 욕했던 것 기억나? 그때 사실 내가 뀌었다! 후후, 이래도 안 잡으러 올 거야?"

"뭐?? 나무늬!! 내가 그때 얼마나 수모를 겪었는데! 너 잡히면 가만히 안 둬!!"

갑자기 이손재는 초스피드로 나무늬를 향해 뛰기 시작하였다. 겁이 난 나무늬 역시 있는 힘을 다해 뛰었다.

"으아! 난 이제 잡히면 죽었다!!"

한참을 그렇게 달리던 이손재가 갑자기 멈춰 섰다.

"이봐, 나무늬! 멈추라고! 이것 봐!"

들었는지 못 들었는지 나무늬는 여전히 죽어라 달리고 있었다.

"이봐!!! 나무늬! 멈춰!! 이리 와 봐, 이것 보라고!"

이손재는 있는 힘을 다해 소리쳤다.

"뭐? 멈추라고? 멈추면 와서 가만히 안 둘 거잖아!"

"아냐! 이리 와 봐! 얼른!"

나무늬는 움찔움찔하며 손재에게로 다가갔다.

"이봐, 우리 지금 신혼여행 와서 이렇게 싸우고 있을 때가 아니잖아. 당신도 그렇게 생각했지?"

"응, 나 무늬도 그렇게 생각해요. 호호, 그래 뭐 재미있는 놀이라도 있어요?"

"그러니까 이것 보라고!"

무늬가 자세히 살펴보자 거기에는 표지판이 있었다.

"물속 잠수 체험 코스?"

"그렇지! 우리 여기까지 왔는데 물속 잠수 체험해 보는 게 어때? 색다르고 재미있을 것 같지 않아?"

"호호, 정말 그렇네! 난 안 그래도 물속 잠수 체험해 보는 게 옛날부터 소원이었어요. 어렸을 적 만화 인어공주를 보니까 바다 아래는 정말 정말 예쁘던데 진짜 그럴까? 호호."

"또 말도 안 되는 소리 한다! 인어공주?"

"여보!! 우리 지금 휴전이라고요!! 하러 갈 거예요? 말 거예요?"

"하러 가! 당장 하러 가자고!!"

손재와 무늬는 물속 잠수 체험 코스로 갔다.

"어서 오십시오! 우선 두 분 다 이 잠수복으로 갈아입어 주시겠어요?"

잠수복을 갈아입고 나오는 무늬는 조금 민망했다.

'까만색 잠수복이 너무 몸에 딱 달라붙는 것 같네. 어휴, 민망

해라.'

마침 그때 잠수복을 갈아입고 나오던 손재는 무늬를 보더니 갑자기 눈이 휘둥그레졌다.

'와, 우리 무늬의 몸매가 완전 S라인이네! 가수 제이비도 울고 갈 몸매인데? 우와.'

"자, 안녕하세요. 여러분! 저는 여러분을 안내할 바다의 왕자 박몽수예요. 저만 따라서 바다 안으로 잠수하시면 됩니다. 자, 이제 그럼 들어갈까요? 하하."

손재와 무늬는 안내원 박몽수를 따라 잠수를 시작했다. 바다 속은 너무나도 예쁜 색색깔의 산호들과 노랑파랑 줄무늬의 물고기 떼들, 입을 벌렸다 닫았다 하는 커다란 조개 등으로 가득 차 있었다. 손재와 무늬는 바다 속을 둘러보며 연방 탄식을 뱉어 냈다. 이제 슬슬 안내원 박몽수는 나갈 자세를 취하며 바다 위로 올라가기 시작했다. 무늬와 손재 역시 박몽수를 따라 서서히 바다 위쪽으로 올라가고 있었다.

그때! 갑자기 위에서 빠르게 줄을 잡아당기기 시작했다. 그러자 무늬와 손재는 호흡이 곤란해졌다. 한참을 호흡 곤란으로 고생하다가 물 밖으로 나온 손재는 화가 나서 소리쳤다.

"당신들! 지금 우릴 죽이려고 작정했어? 당신들 때문에 바다 속에서 숨도 제대로 못 쉬고 죽을 뻔했다고! 이런 식으로 우리 신혼여행을 망쳐?! 당장 지구법정에 당신들을 고소하겠어!"

물속에서 급히 올라오면 잠수했을 때 우리 몸 안에서 녹은 공기가
거품이 되어 혈관을 막아 잠수병이 생깁니다.
따라서 물속에서 일정 시간 동안 머무른 후 나와야 합니다.

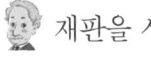 

갑자기 물 밖으로 빨리 올라오면
어떤 위험이 있을까요?
지구법정에서 알아봅시다.

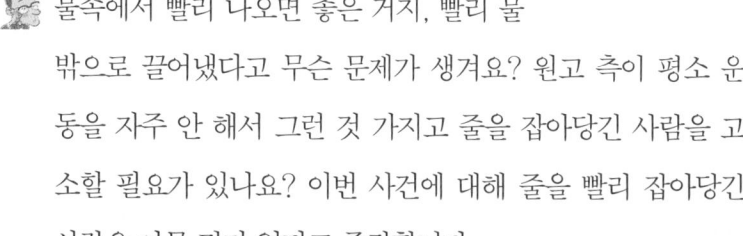 재판을 시작합니다. 먼저 피고 측 변론하

세요.

물속에서 빨리 나오면 좋은 거지, 빨리 물

밖으로 끌어냈다고 무슨 문제가 생겨요? 원고 측이 평소 운

동을 자주 안 해서 그런 것 가지고 줄을 잡아당긴 사람을 고

소할 필요가 있나요? 이번 사건에 대해 줄을 빨리 잡아당긴

사람은 아무 죄가 없다고 주장합니다.

 원고 측 변론하세요.

 잠수 연구소의 잠기라 박사를 증인으로 요청합니다.

졸린 듯한 눈을 가진 50대 남자가 증인석으로 들어

왔다.

 깊은 바다 속으로 들어가면 어떤 상태가 되죠?

 보통 사람은 40m만 내려가도 술 취한 것처럼 되고, 60m면

정신이 몽롱해집니다. 90m면 정신을 잃을 수도 있어요. 물

속에 들어갔다가 너무 빠르게 나왔을 때 눈앞이 뱅글뱅글 돌

고, 몸이 근질근질거릴 수 있는데 이 모든 것은 잠수병 때문입니다.

😀 잠수병이 뭐죠?

😎 잠수병이란 물속에 들어갔다가 너무 급히 올라오면 생기는 병이에요.

😀 왜 그런 병이 생기죠?

😎 깊은 곳에 잠수했을 때는 몸 안의 공기가 녹는데, 급히 떠오르면 그 공기가 거품이 되면서 핏줄을 막아서 병이 생기죠. 그러므로 잠수병에 걸리면 정신 이상이 되거나 죽을 수도 있어요.

😀 잠수병을 예방하려면 어떻게 해야 하죠?

😎 수심 40m까지 잠수해서 1시간 반 동안 그곳에 있었다면 떠오를 때는 우선 수심 15m까지 올라와 4분 쉬고, 수심 12m까지 올라와 19분 쉬고, 수심 9m까지 올라와 22분 쉬고, 수심 6m까지 올라와 30분 동안 쉰 다음에 물 밖으로 나와야 합니다.

🧑 그렇다면 줄을 너무 빨리 잡아당겨 하마터면 신혼부부가 죽을 뻔했다는 얘기군요. 그럼 이번 사건에 대해 신혼부부 측의 고소는 정당했다고 봅니다. 따라서 모든 정신적, 신체적 피해에 대해 보상할 것을 판결합니다. 이상으로 재판을 마치도록 하겠습니다.

　재판이 끝난 후, 신혼여행에서 잠수병을 앓아 힘들어 했던 나무늬와 이손재는 다시는 바다 여행을 하지 않겠다고 마음먹었다. 그러나 다음 해 여름이 되자 언제 그랬냐는 듯 다시 또 바다 여행을 떠났다. 물론 잠수병에 걸리지 않기 위해 물속에서 견뎌야 하는 시간들에 대해 잘 기억을 한 채 말이다.

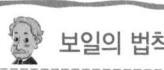 **보일의 법칙**

기체는 압력과 부피가 반비례하는데 이것을 보일의 법칙이라고 부른다. 이에 따라 바다 속으로 들어가면 압력이 높아져 우리 몸속 기체의 부피가 줄어들게 된다.

인간의 잠수 한계

얼마나 깊은 곳까지 잠수를 할 수 있을까요?

두팔이는 엄마와 같이 주말에 오붓하게 저녁을 먹고 텔레비전을 보고 있었다. 늘 보던 쇼프로그램이 시작했다.

"안녕하십니까. 국내 최초 버라이어티 토크쇼 '말다해 쇼'의 MC 유수다입니다. 벌써 여름이 다 가고 선선한 가을이 다가오는데요. 이런 가을에 어울리는 배우, 카리스마 넘치는 영화배우 최재수 씨를 소개합니다."

환호성과 비트 넘치는 음악 속에 한 중년 배우가 무대로 나왔다.

"이야, 내가 좋아하는 최재수다. 아무 이유 없어!!"

"으이그, 그런 거 따라하지 말고 공부나 열심히 해."

두팔이가 흉내내는 것이 별로 시답잖은지 엄마는 괜히 핀잔을 주었다.

"최재수 씨가 요즘 드라마나 영화에 이어 음반까지 내신다고 하니 정말 이 시대의 만능 엔터테이너가 아닐 수 없네요."

"과찬의 말씀을요. 요즘 하나만 해서는 살아남기 힘든 세상 아니겠습니까?"

토크쇼가 열기를 더해 가고 있었다.

"그래서 내 나이 벌써 마흔이 넘었지만 하루도 거르지 않고 헬스다, 수영이다 쉬지 않고 하고 있지요. 특히 제가 수영에는 자신이 있어요."

"아, 최재수 씨가 수영을 잘하시는 건 저희가 또 처음 알았네요."

"제가 말을 안 해서 그렇지 아마추어 선수급입니다."

"저 배우, 혼자 너무 잘난 척하는 거 아니니?"

엄마는 못마땅하다는 듯 말했다.

"엄마 원래 그게 저 사람 매력이야."

"그래도 너무 재수 없다."

그때 MC가 특이한 질문을 던졌다.

"근데 재수 씨는 수영을 잘하신다고 하니 잠수도 잘하시겠네요. 저는 잠수는 도통 겁이 나서 못하거든요."

"잠수라면 또 제가 무시 못 할 수준이죠. 제가 한때 별명이 최잠수였거든요."

"에이~."

방청석에서 미심쩍어하는 관객들의 야유가 흘러나왔다. 최재수
는 무대를 돌아보더니 말했다.

"여러분, 제가 이런 걸로 거짓말할 사람입니까? 제가 한때 잠수
를 깊게 할 때는 1km까지 한 적이 있습니다."

"우~."

이제는 약간의 비난과 질타가 섞여 나왔다. 그런 분위기를 진정
시키고자 유수다 MC가 나섰다.

"잠시 무대 정리가 안 되는데, 여러분 좀 진정하시고……. 최재
수 씨 정말로 그렇게 깊이 잠수를 하신 적이 있으십니까? 거짓말
은 아니겠지요?"

"이 사람이 정말 나를 어떻게 보고……, 정말입니다. 기록 측정
도 했다고요."

"엄마 사람이 정말 1km까지 잠수를 할 수 있어요?"

"글쎄, 엄마도 그건 잘 모르겠다. 근데 지금까지 그렇게 깊게 들
어갔다는 말은 들어보지 못했는데."

두팔이는 점점 궁금증이 증폭되었고, 토크쇼는 막을 내렸다.

"두팔아, 다 봤으면 들어가서 공부나 해."

"알았어요, 보채지 좀 마세요."

두팔이는 방으로 들어가서 공부를 시작하려 했지만 도무지 최재

수의 발언이 잊혀지지 않았다. 특히 평소에 좋아하던 배우가 설마 거짓말을 했을까 하는 생각도 들었다. 그래서 두팔이는 컴퓨터를 켰다. 인터넷에 접속한 그는 궁금증을 풀어준다는 실험사이트에 질문을 했다.

"한 배우가 1km까지 잠수를 한 적이 있다는데 정말 그게 가능한가요?"

며칠 후 그 질문에 대한 서신이 왔다.

"이론상으로는 불가능합니다. 그 배우가 누구인지요? 혹시 최재수 씨인가요? 저희도 두팔 씨와 같은 질문을 여러 개 받았는데 모두 최재수 씨에 관한 것이더군요. 이 문제는 단순히 궁금증을 푸는 것을 떠나 방송인의 도덕성과도 관련이 있는 것이라고 판단해 저희는 이 문제를 방송에 내보내기로 했습니다."

며칠 후 두팔이는 텔레비전에서 또 최재수를 보게 되었다.

"최재수 씨는 며칠 전 한 토크쇼에서 1km까지 잠수할 수 있다고 호언장담했는데 그게 혹시 거짓말은 아니겠지요?"

"여러분 정말 제가 거짓말이나 하는 배우로 보입니까? 정말 억울합니다."

"재수 씨를 의심하는 건 아니지만 저희 프로그램에 시청자들의 의문이 쏟아져 나왔거든요. 저희는 그런 의뢰자들의 의문을 풀어줘야 할 의무가 있습니다."

"글쎄, 저는 그때 토크쇼에서도 말했듯이 잠수 기록도 가지고 있습니다. 이거면 증거 자료로 충분한 거 아닙니까?"

"자료는 충분히 조작 가능하지 않습니까?"

보고 있던 두팔이는 흥미진진해졌다.

"제가 태어나서 이런 경우는 정말 처음 당해 보는군요. 제가 거짓말을 할 사람이 아니라는 건 제 팬과 시청자 여러분께서 더 잘 아실 텐데, 몇몇 어이없는 질문 때문에 황당한 경우를 당하는군요."

"최재수 씨, 말이 좀 지나친 거 아닙니까?"

"자자, 게스트 여러분 진정하시고요……."

그때 진행자가 아닌 지식인으로 보이는 사람이 말했다.

"최재수 씨의 발언은 여기서 결정 날 것 같지 않군요. 이 문제는 아무래도 단순한 논란거리가 아니라 법적인 판단이 필요할 거 같습니다. 재판을 받아보는 게 좋겠습니다. 여러분 어떻습니까?"

"좋습니다."

"지구법정에 의뢰를 하자!"

인간이 1km까지 잠수를 한다는 것은 무리가 있습니다. 큰 압력을 견디기 힘들고 산소 중독이나 질소 마취, 잠수병 등으로 목숨을 잃을 수도 있지요.

인간은 바다 속으로 얼마나 깊이
들어갈 수 있을까요?
지구법정에서 알아봅시다.

재판을 시작합니다. 먼저 지치 변호사 의

견을 말해 주세요.

1km라고 해 봐야 1000m인데 인간이 왜

못 내려갑니까? 저는 최재수 씨의 말이 사실이라고 믿습니다.

어떤 근거죠?

제가 언제 근거를 제시한 적 있나요?

하긴, 그럼 어쓰 변호사 변론하세요.

잠수 연구소의 다잠겨 박사를 증인으로 요청합니다.

검은색 긴 머리를 치렁거리는 30대 근육질 남자가
증인석으로 들어왔다.

인간이 잠수하는 데 가장 힘든 점은 무엇이죠?

수압입니다. 물의 압력이지요. 10m마다 1기압씩 커지기 때

문에 깊이 들어갈수록 큰 압력과 싸워야 합니다.

아무 장비 없이 맨몸으로 들어갈 수 있는 깊이는 어느 정도죠?

사람에 따라 차이는 있지만 보통 10m 이내이고 시간도 2분

을 넘기기 힘듭니다.

 잠수복을 입고 산소통을 메고 들어가면요?

 그렇다 해도 수심 60m보다 깊이 들어
가긴 힘들지요. 그 이상으로 들어가면
산소 중독이나 질소 마취, 잠수병 등으
로 목숨을 잃을 수 있어요. 하지만 헬
륨과 산소를 섞어 만든 헬리옥스라는
혼합 기체를 쓰면 200~300m까지 잠
수할 수 있고, 헬륨과 산소, 수소 등을
혼합한 하이드렐리옥스를 사용할 경우
534m까지 잠수할 수 있다는 연구가
있습니다.

 아무튼 1km는 무리군요.

 그렇습니다.

 증인의 설명 잘 들었습니다. 그렇다면 최재수 씨가 자신의 잠
수 기록을 과장했다고 판결할 수밖에는 없겠습니다. 이것으
로 재판을 마치도록 하겠습니다.

재판이 끝난 후, 결국 최재수는 1km까지 잠수를 할 수 있다는
자신의 발언이 실언이었음을 인정하고 사과했다.

잠수병

깊은 바다 속으로 들어가면 물의
압력이 매우 커지므로 몸속의 질
소 기체가 밖으로 잘 빠져나가지
못하고 혈액 속에 있게 된다. 그
러다가 수면 위로 빠르게 올라오
면 몸속의 질소 기체가 갑작스럽
게 팽창하면서 큰 기포를 만들어
혈액의 흐름을 방해하는데 이것
을 잠수병이라 한다.

바다에도 산 있어요

바다 속 산은 뭐라고 부를까요?

상실이와 철식이는 이번 봄에 결혼한 신혼부부이다. 이들이 살고 있는 곳은 사방이 바다인 자그마한 섬이다.

"여보, 오늘은 생선 몇 마리 잡았어?"

"오늘은 20마리나 잡았어. 그런데……."

"와, 오늘 20마리나 잡았어? 우리 금방 부자 되겠네. 호호, 좋아라. 근데 뭐?"

"근데……, 다 멸치야."

"뭐라고? 겨우 멸치 20마리를 잡았단 말이야? 여봇!!!!!"

"미안해, 내일은 정말 많이 잡아 올게. 요즘 왜 이러지?"

"괜찮아, 여보! 파이팅! 내일은 고기 많이 잡아 와요."

상실이와 철식이는 가난하지만 서로를 의지하며 행복한 나날을 보내고 있었다. 가끔 오늘처럼 철식이가 고기를 많이 잡지 못한 날에는 비록 밥과 멸치 반찬만을 먹을 수밖에 없었지만 그들의 가정은 늘 화목했다.

"자기야, 오늘은 생선 많이 잡았어? 큰 청어나 싱싱한 고등어, 이런 것 많이 잡으면 우리 금세 부자가 될 텐데……. 오늘은 뭐 잡았어요?"

"오늘은 30마리나 잡았어. 그런데……."

"그런데? 그런데 또 뭐? 또 멸치 잡은 거야?"

"아니……, 새우 새끼……."

"새우 새끼요? 어디 봐요. 어머머, 세상에. 크기가 내 엄지손톱만하네. 휴……, 자기야, 오늘은 우리 반찬 없이 밥만 먹어야 해요. 요즘 따라 자기 왜 그래? 잡히는 것마다……, 아무리 요즘 미니가 트렌드라지만……."

"상실아, 그래서 말인데, 안 그래도 너한테 의논하고 싶은 게 있어. 요즘은 낚시를 해서 생계를 유지하기는 어려운 것 같아."

"그래서요?"

"한 달 전에 저기 바닷가에 잠수함 관광 회사 생긴 것 알지? 내가 거기 자기 몰래 이력서를 넣었어."

"그래요? 나는 늘 자기 믿으니까 자기 원하는 대로 해요. 호호."

철식이는 며칠 뒤 잠수함 관광 회사에서 기쁜 연락을 받았다.

"철식 씨 되십니까?"

"네, 제가 철식입니다. 누구시죠?"

"반갑습니다. 저희는 잠수함 관광 회사 탱크스입니다. 저희 회사에 이력서를 넣어 주셨더라고요. 이력서 잘 읽어 보았습니다. 특별한 경력은 없지만 남다른 포부와 자신감이 돋보였습니다. 내일부터 정식으로 서희 회사에 출근해 주십시오."

"아! 정말 감사합니다. 비록 제가 생선 새끼만 잡지만 이래 뵈도 관광에 대해서는 자신 있습니다. 감사합니다."

이렇게 되어 철식이는 관광 회사에 취직을 하게 되었다. 첫 직장이라 너무 설레고 한편으로는 걱정도 되었다. 그러나 항상 자신감을 주는 아내에 힘입어 정말 열심히 해야겠다고 다짐했다. 드디어 바라던 직장에 첫 출근을 하는 날이었다. 사랑스런 아내는 멋진 넥타이를 준비하고 와이셔츠도 깨끗이 다려 놓았다.

"사랑해 상실아! 쪽! 내가 돈 정말 많이 벌어 올게!"

"그래용~. 일 열심히 하고, 우리 자기 긴장해서 실수 많이 하지 말아요. 나는 우리 여보만 믿어용! 파이팅팅팅!"

철식이는 기쁜 마음으로 회사로 향했다. 회사는 생각보다 컸다. 사람들은 바다와 함께해서 그런지 행복해 보였고 덩달아 철식이도 행복해졌다.

"정말 회사를 잘 찾은 것 같아! 여기서 내 혈기를 발산해 주마!"

"안녕하세요, 철식 씨. 저희 회사에 오신 것을 환영합니다. 저기 고객들께 맛있는 음료를 제공하세요. 그리고 왼쪽 손님께도 음료를 제공하시고요. 그리고 잠수함에 기름이 많이 끼어 있으니 그걸 장갑으로 제거해 주시고요. 또 주방에 가서서 반찬에 파리가 들어가지 않는지 감독하세요. 처음이니까 쉬운 일만 드립니다."

"네?!?"

철식이는 너무 많은 잔일에 머리가 띵했다. 하지만 열심히 해 보겠다고 다짐한 터라 어쩔 수 없었다. 주임은 일을 시키고 또 시켰다. 얼마 지나지 않아 철식이는 넉다운 당할 지경에 놓였다.

"무슨 이런 식으로 일을 시키지?! 아~, 짜증나!"

"철식 씨 방금 뭐라고 하셨죠? 저보고 지금 짜증난다고 말씀하신 건가요?"

"아, 아니요……. 저는 그냥 조금 힘이 들어서 투정 한번 부린 것뿐입니다. 아랫사람이 시킨 대로 해야지 할 말이 있나요?!!"

하지만 곧 철식이는 폭발하고 말았다. 그래서 사장에게 찾아가 있는 그대로 이야기하고 그만두겠다고 했다. 하지만 사장은 그 주임이 신입만 오면 그렇게 괴롭힌다며 철식이를 격려했다. 철식이는 그 말을 듣고 참고 견뎌 보기로 했다.

"열심히 일해 주게, 철식 군. 세상에 쉬운 일만 있을 수는 없지 않는가."

"네, 알겠습니다. 사장님께서 시키시는 일이라면 무슨 일이든 최선을 다해서 하겠습니다!!"

"그래? 그럼 철식 군은 이제부터 잠수함 안내 담당을 맡아 주겠는가? 우리 회사는 잠수함을 이용해서 아름다운 바다를 관광시키면서 많은 돈을 벌고 있네. 이제부터 철식 군이 잠수함 안내를 담당해 주게. 먼저 나와 함께 잠수함을 타고 바다 속을 구경하기로 하지. 바다 속이 얼마나 아름다운지 철식 군이 먼저 한번 느껴 보게."

"잠수함이요? 와, 그것 참 좋은 아이템이군요."

사장님과 나철식은 잠수함을 타고 바다 아래로 내려갔다. 조금씩 내려갈 때마다 아름다운 바다 속 풍경에 철식이는 감탄했다.

"와, 정말 아름답군요. 특히 저 산은 정말 신비롭고 아름다운 느낌이에요. 저는 바다 속에도 산이 있는지 몰랐어요."

"후후, 철식 군도 저 산이 마음에 드는가? 나도 제일 처음 바다 속에 내려왔을 때 저 산이 제일 아름답다고 느꼈지. 그런데 그것 아는가? 최근 세계의 아름다운 산이 발표되었는데 이 산이 포함되지 않았다네."

"뭐라고요? 어떻게 이렇게 아름다운 산이 포함이 안 될 수가 있죠?"

"후후, 나도 그래서 너무 안타까웠다네."

"사장님, 이건 웃으며 넘어갈 일이 아니에요. 이렇게 아름다운 산을 포함시키지 않다니! 제가 당장 지구법정에 의뢰하겠어요!"

바다 속에도 육지와 마찬가지로 산, 분화구, 산맥 등의 지형이 존재합니다.

바다 속에도 산이 있을까요?
지구법정에서 알아봅시다.

 재판을 시작합니다. 피고 측 변론하세요.

 산은 물 밖에 있는 것을 말합니다. 그러므로 이번 조사에서 바다 속에 있는 산을 포함시키지 않은 것은 정당했다는 게 본 변호사의 주장입니다.

원고 측 변론하세요.

해저 지형 연구소의 바다미트 박사를 증인으로 요청합니다.

화려한 빨간색 양복에 모자를 쓴 40대 남자가 증인석에 앉았다.

 바다 속에도 산이 있습니까?

 물론입니다. 바다 속에도 육지와 마찬가지로 산, 분화구, 산맥 등의 지형이 존재하지요.

 바다 속의 산은 뭐라고 부르죠?

 바다 밑바닥에서 솟은 산을 해저산이라고 합니다. 주로 용암 분출로 만들어지는데 경사가 가파르지요.

 높이는 어느 정도죠?

보통 4000m 이하지만, 해수면 위로 솟아난 것도 있습니다. 그럼 섬이 되겠지요. 이렇게 해저산이 길게 이어져 있는 것을 해저 산맥 또는 해령이라고 부릅니다.

 해령 중 제일 긴 것은 길이가 얼마나 되죠?

 중앙 해령으로 길이가 6만 5천km나 됩니다.

 해저산 중에서 봉우리가 물속에 있는 산을 뭐라고 부르죠?

 해중산이라고 부릅니다. 해중산은 대부분 원뿔 모양이고 옆면은 급경사를 이루죠. 이중 봉우리가 평편한 것은 평정해산이라고 부릅니다.

용암

지구의 지각 밑에는 맨틀이 있고 맨틀에는 마그마가 흐르고 있다. 마그마가 지각의 약한 곳을 뚫고 나온 것을 용암이라고 부른다.

 바다 속 산에 대해 잘 알았습니다. 판사님, 판결 부탁드립니다.

 우리는 오늘 바다 속에도 산과 산맥이 있다는 사실을 알았습니다. 그러므로 앞으로 산에 대한 책에서 육지의 산뿐만 아니라 바다 속 산에 대한 내용도 다루어 주기를 부탁드립니다. 이상으로 재판을 마치도록 하겠습니다

　재판이 끝난 후, 산에 대한 정보를 담은 책에는 바다 속에 있는 산에 대한 이야기도 담기게 되었다. 그 책을 읽은 많은 사람들은 바다 산을 보기 위해 잠수함을 타러 왔고, 그 덕에 철식은 낚시를 할 때보다 더 많은 돈을 벌게 되어 나상실과 행복한 생활을 할 수 있었다.

바다 속 의사소통

물속에서 의사소통을 하는 방법에는 어떤 것이 있을까요?

"애들아, 짐을 싸거라. 내일 우리 이사 갈 거야."

"이사? 갑자기 어디로?"

"후후, 아버지가 다른 고장으로 취직하는 바람에 좀 멀리 이사를 가야 해. 너희들 전학 수속은 아빠가 미리 다 처리해 놨어. 자, 얼른 짐 싸요. 내일 아침 출발이니까."

"와! 우리 이사 가는 거야? 정말 좋아요! 히히. 근데 아빠 우리 어디로 가?"

"가 보면 알아요. 정말 정말 좋은 곳이라서 너희들 모두 깜짝 놀랄 거야."

아이들은 두근거리는 마음으로 잠자리에 들었다.

"형, 우리 이사 가는 곳이 도대체 어디일까? 진짜 궁금해. 엄청 좋은 곳이라니까, 음……, 디즈니랜드로 이사 가는 건 아닐까? 난 세상에서 디즈니랜드가 제일 좋은데."

"글쎄, 형 생각에는 디즈니랜드는 아닐 것 같아. 디즈니랜드 안에서 사람이 살 수는 없잖아. 아, 아버지가 혹시 디즈니랜드 경비 아저씨로 취직하셨나? 형 생각에는 디즈니랜드가 아니라 게임방일 것 같아. 정말 정말 좋은 곳이라면 당연히 게임방 아냐?"

"우아, 그럼 아버지가 게임방 차린 거야?"

"그런가 봐. 와! 실컷 온라인 게임해야지! 아침아 얼른 오렴."

그렇게 형제는 설레는 마음 때문에 쉽게 잠이 들지 못했다.

"애들아, 일어나! 얼른 출발하자꾸나."

"벌써 아침이에요? 우리 몇 시간 못 자서 너무 피곤해요. 아빠, 우리 눈도 안 떠져요."

"가는 길에 차에서 자면 되니까 얼른 출발하자꾸나. 여보, 얼른 짐 챙겨서 나와요."

그렇게 모두들 차에 타고 새로운 곳으로 출발했다. 아이들은 어젯밤 잠을 설친 까닭에 도착할 때까지 쿨쿨 잠만 잤다.

"애들아, 도착했어요. 얼른 일어나서 짐 챙기렴."

아이들은 졸린 눈을 비비며 말했다.

"형, 여기 어디야? 디즈니랜드 도착한 거야?"

"디즈니랜드는 아닌 것 같아. 무슨 짠 냄새가 나는데? 얼른 내려 보자."

아이들은 서둘러 차에서 내렸다. 그들 눈앞에 있는 것은 끝없이 펼쳐진 바다였다.

"엄마, 저게 뭐예요? 웬 물이 저렇게 많아요?"

아이들은 태어나서부터 도시에만 살아서 처음으로 바다를 보았다.

"아! 형, 니 저거 뭔지 알아. 저거 바다라는 거야. 나 저번에 텔레비전에서 봤어. 우아, 신기해. 텔레비전에서만 보던 바다가 실제로 내 눈앞에 있다니! 바다 안에 엄청나게 신기한 물고기들이 많이 산대. 돌고래도 있고 상어도 있댔어. 또 초록색 흐물흐물거리는 것도 있었는데……."

"미역 말이니? 후후후, 아빠가 어디에 취직한 줄 아니? 바로 바다에 취직했단다."

"예? 바다에 어떻게 취직해요? 거짓말! 그럼 바다랑 면접 봤어요?"

"하하하, 바다랑 면접 본 게 아니라 아빠는 이제부터 바다를 보호하는 바다의 수호천사가 되었단다. 바다 깊숙이 들어가서 바다 생태계도 조사하고 바다가 다치지 않고 늘 건강하게 지켜 주는 거지."

"와, 아빠 정말 멋있어요."

"자, 그럼 얼른 새 집으로 들어가서 짐을 풀자꾸나."

아이들은 매우 신나 팔을 휙휙 돌리며 새 집으로 뛰어갔다.

"여보, 당신 잘 할 수 있겠어요? 바다 깊이 잠수해 본 적은 한번도 없잖아요."

애들이 눈앞에서 사라지자 아내는 그동안 걱정하고 있던 바를 말하기 시작했다.

"경험도 없는데다가, 너무 위험하지 않겠어요?"

"후후, 여보 걱정 마. 당신은 나만 믿어요. 나는 어렸을 때부터 물이 정말 좋았어. 이제 드디어 내 꿈이 이뤄진 거라고. 당신 내가 잠수복 입은 거 못 봤지? 내가 어젯밤에 당신 자는 동안 몰래 입어 봤는데 내가 봐도 너무 멋있더라고. 하하, 얼른 집에 가요. 내 잠수복 입은 모습 보여줄 테니. 보면 당신 나한테 완전 푹 빠질걸? 하하."

"호호, 이이는 농담도. 알았어요, 난 늘 당신 믿어요."

다음 날 아침이 되었다. 아빠는 서둘러 잠수복으로 갈아입고 바다로 향했다.

"하하하, 아빠 옷이 그게 뭐야? 몸에 검은색 테이프를 둘둘 감았어?"

"아빠 무슨 펩시맨 같아. 하하하, 아빠 어디 개그콘테스트 나가? 하하하."

"아니, 이 녀석들이! 너희들, 잠수복 처음 봤니? 이게 바로 잠수복이라는 거야. 이걸 입고 바다 안 깊숙이 들어가는 거란다."

"와, 정말? 나 잠수복 처음 봐! 몸에 딱 달라붙네. 아빠 엄청 갑갑해 보여요, 하하."

"후후, 아빠 얼른 일 다녀 올 테니까 너희들은 집에서 엄마 말씀 잘 듣고 있어."

바닷가에 도착하니 이미 책임자가 와서 기다리고 있었다.

"안녕하세요. 저는 바다 생태계 관리 책임자 잠수부 대회 챔피언입니다. 오늘부터 며칠 간 당신을 도와줄 겁니다. 제가 보내 드린 책은 다 읽으셨죠? 그럼 사전 지식은 충분한 것으로 알고 우선 잠수를 시작하겠습니다."

그는 책임자를 따라 떨리는 마음으로 잠수를 시작했다. 잠수는 의외로 그에게 하나도 어렵지 않았다.

'바다와 하나가 된 기분인걸. 후후, 역시 내 적성에 맞을 줄 알았어.'

둘은 점점 바다 깊이 들어갔다. 그런데 갑자기 책임자가 어떤 몸동작을 하기 시작했다.

'어라? 스트레칭은 잠수하기 전에 해야 하는 것 아닌가? 아냐, 잠수부 대회 챔피언이라니까 뭔가 다를 수도 있어.'

그런데 책임자가 계속 멈추지 않고 동작을 하는 게 아닌가!

'뭐지? 아, 내가 초보라서 자세히 보여 주려고 그러는 건가?'

그는 깊은 바다 속에서 책임자의 스트레칭을 보며 이런저런 생각을 하고 있었다.

한참 뒤 둘은 마침내 바다 위로 올라왔다. 책임자는 산소마스크

를 벗어 던지곤 쓰러지며 말했다.

"악, 배 아파 죽겠어. 얼른 병원으로!!"

놀란 그는 책임자를 데리고 얼른 병원으로 갔다.

"조금만 더 늦었으면 큰일 날 뻔했습니다. 그나마 다행입니다. 통증이 왔을 때 바로 병원으로 오시지 않고 왜 이렇게 지체하셨습니까?"

그러자 화난 책임자는 아픈 배를 부여잡고 그를 가리키며 말했다.

"이것 봐, 당신 때문이야! 내가 바다 속에서 그렇게 당신에게 나가자고 했는데! 아이쿠, 배야! 당신 지구법정에 당장 고소해 버리겠어! 알겠어?"

배 아파 죽겠어. 나가자고!

웬 스트레칭?

잠수부들은 표준 신호와 수신호 등을 사용하여 의사소통을 합니다.

**바다 속에서는 어떻게
의사소통을 할까요?**
지구법정에서 알아봅시다.

 재판을 시작합니다. 먼저 피고 측 변론하세요.

바다 속은 물속입니다. 그래서 사람들은 산소를 공급받을 수 있는 장비를 착용하고 있지요. 그러므로 바다 속에서는 말을 할 수 없어요. 그건 어쩔 수 없는 일이에요. 그러므로 피고의 책임은 없다는 게 본 변호사의 주장입니다.

 원고 측 변론하세요.

 바다 생활 연구소의 해생활 소장을 증인으로 요청합니다.

보라색 티셔츠를 입은 캐주얼한 복장의 30대 남자가 증인석에 앉았다.

 증인이 하는 일은 뭐죠?

 바다 속 생활에 대한 연구를 하고 있습니다.

 물에 들어갈 때 잠수복을 입는 이유는 뭐죠?

 잠수복은 잠수하는 사람의 피부와 체온을 보호해 주는 특수

옷입니다. 그리고 10m를 내려가면 1기압의 압력을 받는데 이 기압을 견디기 위해 잠수복을 입지요.

잠수복 없이는 어느 정도 깊이까지 내려갈 수 있죠?

10~20m 정도이고 잠수 시간은 1~3분 정도입니다. 물론 수압을 견딜 수 있는 특수 훈련을 받은 사람이라면 50m 깊이까지도 내려갈 수 있지요.

그럼 본론으로 들어가서 물속에서는 어떻게 의사전달을 하죠?

잠수부들은 표준 신호와 수신호(손으로 하는 신호)를 사용하여 서로의 의사를 나눕니다. 수화, 메모판, 신체 접촉 등으로 의사를 전달하거나, 단단한 물체를 두드리거나, 특수 장비에 수중 통화기를 부착하여 의사를 소통하는 방법도 있지요.

그럼 수면 위에 있는 사람이 잠수부에게 신호를 보낼 때는 어떻게 하죠?

그때는 사이렌 소리를 내어 잠수부들에게 신호를 보냅니다.

잘 들었습니다. 그렇다면 이번 사건은 피고가 잠수부의 기본인 수신호를 배우지 않아서 원고가 고생을 했다고 볼 수 있습니다. 그러므로 원고의 주장대로 이번 사건에 대해 피고의 책임을 물을 수밖에 없다고 판결합니다. 이것으로 재판을 마치도록 하겠습니다.

재판이 끝난 후, 잠수부의 기본 수신호가 있다는 것을 몰랐던 초
보자들은 잠수부 기본 수신호를 배우는 데 열심이었다. 다들 바다
속에서도 의사소통을 하며 편히 생활하는 멋진 잠수부가 되기 위
해 열심히 배우고 또 익혔다.

잠수 기록

프랑스의 잠수정 트리에스테 호는 깊이 10916m 지점까지 내려가는 데 성공했다. 하지만 지구에서
가장 깊은 곳인 마리아나 해구의 깊이(11034m)까지 도달하는 데는 실패했다.

바다 속에 웬 선상지

해저 선상지가 만들어지는 원리는 무엇일까요?

사건속으로

"후후후, 아무리 그녀가 도도하다지만 설마 이 선물을 받고도 안 넘어올까?"

당쇠의 발걸음은 뛸 듯이 가벼웠다. 당쇠는 1년 간 해자를 짝사랑해 왔다. 하지만 당쇠의 빈번한 고백에도 불구하고 해자는 눈도 깜빡하지 않았다. 오늘이 바로 96번째 고백이었다.

"설마 100번 찍어서 안 넘어올까? 으아, 정말 100번까지 찍어야 하는 것 아냐? 휴, 아냐, 오늘은 기필코!"

당쇠가 해자와 약속했던 레스토랑에 도착하자 해자는 벌써 와서 기다리고 있었다.

"이것 보세요. 나당쇠 씨! 제가 그렇게 한가한 사람인 줄 알아요? 하도 점심 한 끼만 먹자고 해서 나와 줬더니 2분이나 늦어요?"

"죄송해요, 해자 씨. 대신 제가 맛있는 점심 사 드릴게요. 그리고 여기 해자 씨를 위해 자그마한 선물을 하나 준비해 왔어요."

해자는 무표정한 얼굴로 선물을 받았다. 하지만 해자의 마음속은 그게 아니었다.

'선물? 도대체 뭐지? 아싸! 호호호, 이 남자 처음에는 영 마음에 안 들었는데 계속 보니까 정 드는 것 같아. 어쩌지?

"주는 거니까 고맙게 받겠어요. 하지만 내가 이걸 받았다고 해서 당신과의 관계가 좋은 방향으로 흐른다는 건 아니에요."

겉모습은 여지없이 도도한 해자 씨였다.

"알겠어요. 어서 선물이나 풀어 보세요."

풀이 죽은 당쇠는 축 처진 어깨를 애써 올리며 말했다.

'어머, 풀 죽으니까 더 귀엽네! 호호, 이러면 안 돼! 난 나해자야, 나해자라고! 도도한 여자 나해자란 말이야! 그나저나 뭐지?

관심 없다는 말과는 달리 손은 재빠르게 포장을 벗기고 있었다.

"어머어머, 이게 뭐야?"

"개구리 인형이에요. 보는 순간 해자 씨랑 너무 닮아서 샀어요. 후후, 귀엽죠?"

"뭐라고요? 내가 개구리를 닮았다고요?"

순간 나해자는 기분이 팍 상해 버렸다.

'여하튼 나당쇠는 좋게 봐 주려고 해도 안 돼!'

"저 그만 일어나 보겠어요! 그럼 혼자 점심 맛있게 드세요."

해자가 휙 하고 나가 버리자 당쇠는 당황하기 시작했다.

'내가 보기엔 세상에서 최고로 예쁜 인형인데, 휴……. 안 돼! 이렇게 보낼 수는 없어!'

갑자기 당쇠는 일어나서 뛰기 시작했다.

"잠깐만요! 해자 씨! 헉헉, 잠깐만 기다려요."

"어머, 왜 이곳까지 뛰어오고 그러세요? 흥!"

"해자 씨, 제가 왜 개구리 인형을 산 줄 알아요? 해자 씨 직업이 강을 연구하는 거잖아요. 그런데 나는 건축가잖아요. 개구리는 강에도 살고, 땅에서도 살 수 있으니까 꼭 우리를 연결해 줄 것만 같았다고요. 난요, 세상에서 개구리가 제일 예쁘고 귀여워요. 바로 해자 씨처럼요!"

당쇠는 많은 사람들이 있는 거리에서 큰 소리로 해자에게 말했다. 해자는 그 순간 부끄러웠지만 당쇠의 진심 어린 고백에 큰 감동을 받았다. 해자는 수줍어하며 당쇠에게로 다가가 당쇠의 손을 꼬옥 잡았다. 그 장면을 지켜보던 많은 사람들이 박수를 쳤다.

그날부터 당쇠와 해자는 매일같이 꼭꼭 붙여 다녔다. 하지만 해자의 도도함 때문에 사귀는 동안에도 당쇠는 가끔 많이 힘들었다.

"자기야, 오늘은 우리 영상전 보러 가요. 주제가 '바다 속 모습'이에요. 나는 이제껏 강만 연구하며 살았잖아. 그러니까 바다 속이

많이 궁금해. 강이야 내 손바닥 안이지만. 호호."

"바다? 후후, 땅 속 모습 영상전은 없나? 그럼 오늘은 해자 씨 말대로 영상전 보러 가죠."

당쇠와 해자는 영상전을 하는 전시회장에 도착했다.

"어머, 사람들이 많네. 다음에는 내가 강에 대한 영상전을 열어서 더 많은 사람들을 모아야지! 난 할 수 있어! 난 나해자니까! 호호."

"역시 도도한 해자 씨! 하하. 그런데 해자 씨, 이 사진 봐. 난 바다에 선상지가 있는지 처음 알았어."

"어떤 사진요? 뭐? 제목이 '바다의 선상지'? 세상에, 바다에 선상지가 어디 있어?"

"그래? 바다엔 선상지가 없는 거야?"

"당연하죠! 선상지는 경사가 급한 산지에서 완만한 평지로 이어지는 곳에서 강물의 유속이 갑자기 느려져 생기는 건데 어떻게 바다에 선상지가 있겠어요? 저기요! 여기 담당자 좀 불러 주시겠어요?"

"해자 씨, 그냥 조용히 지나가요. 남의 영상전에 와서 소란 피울 수는 없잖아."

해자는 당쇠의 말에 아랑곳하지 않고 큰 소리로 말했다.

"이 사진은 합성된 거예요! 바다에는 선상지가 없다고요! 이 영상전은 사기야! 내가 당장 이 전시회 주최 측을 지구법정에 고소하겠어요!"

협곡을 통해서 강물과 함께 흘러든 진흙, 모래와 같은 퇴적물이 운반되어 해저 평원에 쌓이면 해저 선상지가 만들어집니다.

과학공화국
지구법정9

바다 속에도 선상지가 있을까요?
지구법정에서 알아봅시다.

 재판을 시작합니다. 원고 측 변론하세요.

 선상지는 강물의 흐름이 갑자기 느려져서 퇴적물이 쌓이면서 생기는 지형을 말합니다. 그러면 강이 있어야 하는데 바다 속에 무슨 강이 있다고 선상지가 생깁니까? 요즘 컴퓨터 합성 사진이 범람하고 있는데 이번 사건도 합성이 틀림없다고 본 변호사는 주장합니다.

 피고 측 변론하세요.

 해저 지형 연구소의 미트시 박사를 증인으로 요청합니다.

커다란 뿔테 안경을 쓴 20대 남자가 증인석에 앉았다.

 바다 밑은 어떤 모습인가요?

 바다 밑도 육지처럼 있을 건 다 있습니다. 바다 안쪽으로 갈수록 점점 깊어지는데 처음 어느 정도는 비스듬한 경사를 이루는 대륙주변부가 생기고 점점 바다 속으로 나아가면서 대륙붕, 대륙사면대 등이 나타납니다. 대륙붕은 경사가 밋밋하지만 대륙사면은 경사가 가파르지요.

 대륙사면에는 뭐가 있죠?

 가파른 대륙 사면에는 크고 작은 골짜기가 분포하는데 이 V자 모양의 대규모 골짜기를 해저 협곡이라고 불러요. 해저 협곡의 깊이는 수백 미터에 달하며, 그 규모는 그랜드 캐니언과 같은 육지의 대협곡과도 견줄 만하지요.

선상지

원래 경사가 급해 유속이 빠른 상류의 강물이 완만한 곳으로 내려오면서 유속이 느려져 퇴적되어 부채꼴 모양으로 만들어지는 지형을 선상지라고 부른다.

 그럼 본론으로 들어가 바다 속에 선상지가 만들어집니까?

 네. 협곡을 통해서 강물과 함께 흘러든 진흙이며 모래와 같은 퇴적물이 운반되어 해저 평원으로 쌓여서 선상지가 만들어지는데 이것을 해저 선상지라고 부릅니다.

 정말 놀랍군요. 우리가 없다고 생각하는 것이 바다 속에 다 있다는 것이 말입니다. 아무튼 해저 선상지가 존재한다는 것이 밝혀졌으므로 사진은 합성이 아니라고 판결합니다. 이상으로 재판을 마치도록 하겠습니다.

재판이 끝난 후, 해자는 바다에도 선상지가 있다는 것을 인정했다. 그 후 해자는 바다에 관심을 갖게 되어 당쇠에게 앞으로 자신은 바다를 연구하겠다고 선언했다.

과학성적 끌어올리기

바다 속의 모습

바다 속에도 육지와 마찬가지로 산과 평야가 있습니다. 높이가 1000m보다 높은 산을 해산이라 하며, 1000m보다 낮은 산을 해구라고 합니다. 해산 중에서 정상 부근이 깎은 것처럼 평편하게 되어 있는 것을 평정해산이라 부릅니다. 또한 해산이 이어져서 산맥처럼 되어 있는 것을 해령이라 부르며, 이곳에는 해면에 얼굴을 내민 화산섬도 있습니다. 해산들이 둘러싸고 있는 둥그런 평야를 해분이라 부릅니다. 바다 속은 육지와는 달리 비, 바람 등의 작용을 받지 않기 때문에 육지보다 험한 지형이 많습니다. 심해저평원이 차지하고 있는 면적은 약 75%입니다. 중앙 해령 정상부 열곡은 폭 25~50km, 깊이 250~750m 정도로 급경사의 계곡을 이룹니다. 깊이 4000~6000m 정도의 평편한 해저를 대양저라고 합니다.

과학성적 끌어올리기

대륙붕

대륙붕이란 대륙에서 바다 쪽으로 완만하게 경사진 얕은 부분으로, 수심이 약 200m 미만인 해저를 말합니다. 대륙붕의 폭은 지역에 따라 다르나 평균 약 60km에 달합니다. 이러한 대륙붕은 풍부한 수산 자원과 해저 지하자원을 가지고 있습니다. 특히 석유와 천연 가스 등 유용 광물 탐사의 대상이 되고 있습니다.

해저의 지형

육지 못지않게 복잡한 해저의 지형은 대륙연변부, 해저 분지 및 중앙 해령으로 나눌 수 있습니다. 대륙연변부에는 대륙붕, 대륙 사면 및 해구가 포함되며, 해저 분지에는 심해저, 해산 등이 포함됩니다. 그 중에서도 중앙 해령의 길이는 65000km에 이르기도 합니다. 또한 대륙주변부에는 해구가 발달되어 에베레스트 산의 높이를 능가하는 곳도 있습니다.

해저를 움직이는 판(플레이트)과 판 구조론

해저 산맥은 지구 내부로부터 생긴 물질이 굳어져서 만들어진 것으로 생각됩니다. 이렇게 해서 만들어진 해저의 지각 판은 맨틀의 대류에 의해 중앙 해령의 열극을 중심으로 갈라져 확장되고, 깊은 수심의 해구를 통하여 지구 내부로 밀려들어갑니다. 맨틀의 대류로 해양 지각과 맨틀 상부가 하나가 되어 해령으로부터 대륙 쪽으로 이동한 후, 대륙 지각 밑으로 밀려들어가는 곳이 해구입니다. 또한 맨틀의 대류로 주변의 대륙 지각도 끌어들게 되어 새로운 해구가 만들어집니다. 맨틀은 암석이지만 오랜 시간 동안 조금씩 움직인다고 생각되고 있습니다.

해저에 솟아나는 중앙 해령과 가라앉아 가는 해구 외에 지구의 표면이 부딪치고 있는 곳이 있습니다. 지구의 표면을 이 3개의 선으로 구획지으면 10장 정도의 판으로 나누어집니다. 이들 판이 멋대로 움직이고 있다고 생각하면 넓어지는 해저 등 지구상의 여러 현상을 설명할 수 있습니다. 이 판은 두께가 100km 정도로, 지각과 맨틀의 일부를 포함하여 판이라 불리고 있습니다. 이 새로운 생각을 판 구조론이라 합니다.

　　대양 한가운데의 중앙 해령에서 맨틀이 솟아올라 고온의 판이 생겨납니다. 해령에는 중앙에 틈이 있고, 화산 활동도 왕성합니다. 판은 해령에서 멀어져 가는 동안에 온도가 점차 내려가고, 오므라들어 줄어듭니다. 해령에서 멀리 있는 바다는 이 몫만큼 깊어집니다. 반대로 해저의 퇴적물은 해령에서 멀어질수록 두껍게 쌓여 있습니다.

과학성적 끌어올리기

맨틀의 대류로 인해 판이 가벼운 대륙 덩어리에 부딪치면, 그 밑으로 밀려들어갑니다. 그때 판과 대륙과의 마찰열로 마그마가 생기고, 화산 활동이 왕성해집니다. 또한 파고드는 면을 따라 약 700km까지 밀려들어가 지진이 일어납니다. 해구 쪽에서는 심발 지진이 일어납니다.

평정해산

해산 중에는 산꼭대기가 칼로 자른 것처럼 평편한 것이 있는데, 이것을 평정해산 또는 기요라고 합니다. 평정해산은 옛날에는 바다 위에까지 나와 있던 해저 화산이 꼭대기가 파도에 깎이고, 바다 밑으로 가라앉는 침강 현상 등을 겪으며 물속 깊이 잠기게 된 것입니다.

평정해산이 가장 많은 곳은 하와이 제도에서 마샬 제도에 이르는 중부 태평양입니다.

과학성적 끌어올리기

넓어지는 해저

육지와 바다는 동시에 이루어졌습니다. 그러나 육지에서는 38억 년이나 된 바위가 발견되었는데, 해저에서는 1억 4000만 년 이전의 것은 발견되지 않고 있습니다. 해저가 지구의 어느 깊은 곳에서 솟아 나와 좌우로 퍼져나가서, 이윽고 지구의 어느 깊은 곳으로 사라지는 것이 1억 4000만 년 쯤 걸린다고 생각하면, 이 수수께끼는 쉽게 풀 수 있습니다. 1억 3000~4000만 년 전에 곤드와나 대륙의 한 가운데로, 지구 속의 물질이 잇달아 솟아 나왔습니다. 그 때문에 지표는 솟아오르고, 초거대 화산 산맥이 되었는데, 마침내 갈라진 땅이 생겨 조붓한 긴 해협이 되었습니다. 지구 속에서의 솟아나옴은 그 후로도 계속되어 해저는 넓어지고, 대륙도 점점 밀려서 떨어져 갔습니다. 대륙 이동은 이 넓어지는 해저에 밀린 대륙의 움직임만을 나타낸 것입니다.

해저가 계속 넓어져 가는 원동력은 맨틀의 대류라고 일컬어지고 있습니다. 맨틀의 대류로 올라오는 곳이 해저가 솟아오르는 입구(중앙 해령)이고, 내려가는 곳이 해저가 가라앉는 곳(해구)입니다. 대서양에는 해구가 없으므로 양쪽의 유라시아 대륙과 아메리카 대륙

과학성적 끌어올리기

을 밀고 나갑니다.

바다의 깊이

바다는 넓을 뿐만 아니라, 매우 깊기도 합니다. 대륙이나 섬 주변은 평균 200m 이하의 얕은 대륙붕이지만, 대양의 한가운데는 수천 미터 이상 되는 곳도 있습니다. 바다의 평균 깊이는 약 3800m나 되는데, 아주 깊은 곳은 6000m 이상 되는 곳도 있습니다. 특히 7000m 이상 되는 곳을 해구라고 부릅니다. 바다의 평균 깊이는 태평양이 가장 깊고, 대서양과 인도양은 비슷합니다.

지구의 표면은 높이 1000m에서 깊이 1000m인 곳과 깊이 3000~6000m인 곳이 가장 넓은 지역을 차지하고 있습니다. 육지의 평균 높이는 약 840m인데, 바다의 평균 깊이는 약 3800m나 됩니다.

깊이 1000~2000m 사이 지역의 면적은 매우 좁아서 마치 육지와 바다의 경계선처럼 생각되고 있습니다. 해면과 깊이 4000m쯤의 곳에 완만한 지역이 널리 펼쳐져 있습니다.

제4장

바다 속 생물에 관한 사건

열수 – 열수에서는 물고기가 타 죽지 않나요?

바다와 생물 – 인도양에 생물이 제일 많이 산다고요?

고래 – 고래와 소음

민물고기와 바닷고기 – 연어가 민물고기야? 바닷고기야?

넙치 – 넙치가 어디 있어요?

열수에서는 물고기가
타 죽지 않나요?

열수에 사는 물고기들이 다른 물고기들과 다른 점은 무엇일까요?

구경해 군은 여름휴가를 맞이하여 어디론가 구경을 가고 싶었다.

"아이고, 저 녀석은 이름을 저렇게 지어서 그런지 아주 구경을 안 가면 눈에 가시가 돋나 봐. 허허."

"맞아요! 당신 할아버지가 이름을 그렇게 지었잖아요!"

"그래도 뭐 구경하는 건 좋은 거니깐 많이 구경시켜 주자고! 애들은 넓게 넓게 살아야 큰 인물이 되는 법이여!!"

"알았어요! 당신이 실컷 구경시켜 줘요. 나는 집에서 청소하고 있을 테니까요. 저 녀석, 중학생이 아직까지 오줌을 못 가려서 이

불에 대동여지도를 그려놨어요! 당신 닮아서 그래! 아이고, 뭘 먹었는지 샛노란색이 배서 빠지지도 않아!!"

구경해는 중학생이었지만 아직도 오줌을 가리지 못했다. 그래서 엄마한테 하루가 멀다 하고 꾸중을 들었지만 헛일이었다.

"허허~, 거참, 아직도 지도를 그려? 소금 받아오라고 시켜. 짜식! 그래도 지도는 잘 그리는구먼. 허허, 이 멋진 아빠가 저 지도에 나와 있는 대로 다 구경시켜 줄게. 아빠도 고등학교 때까지 지도를 그려서 소금 받으러 많이 다녔지. 허허, 그래서 우리 집에서는 소금을 평생 사 본 적이 없어. 경해야, 우리 집 소금은 네 담당이다!"

"네~, 알겠습니다요. 히히, 화장실까지 가기 귀찮은 걸 어떡해요. 으히히."

"어이구, 내가 저 부자 때문에 못 살아 못 살아!!"

경해 부자는 엄마를 꼬드겨 아쿠애리옴으로 발걸음을 옮겼다. 아쿠애리옴으로 가는 길은 차가 너무 막혀서 길에서 한 끼니를 때우고 5시간이 걸려서 겨우 도착했다.

"와~!! 아쿠애리옴이다!! 신기한 물고기들이 너무 많아욧!!"

"허허, 좋아? 천천히 하나하나 구경 잘 해."

구경해는 사방팔방 신기한 물고기들이 많이 있어서 기분이 날아갈 듯했다.

"안녕하세요. 여기는 워터나라 아쿠애리옴입니다. 저희 워터나라 아쿠애리옴을 찾아 주신 여러분들 정말 환영하고요, 앞으로도 많은 이용과 사랑 부탁드립니다. 불편하신 점 있으시면 바로 말씀해 주세요. 저는 안내원 송미래였습니다. 즐거운 하루 되세요."

입장하자마자 알록달록 귀엽고 예쁘고 깜찍한 물고기들이 경해네 가족을 반겼다. 길을 따라 이동을 하자 큰 상어가 있었는데 마침 관리자가 상어에게 먹이를 주고 있었다. 먹이는 사람만한 생선이었다. 상어는 무섭게 먹이를 먹어 치웠다. 그런데 갑자기 먹이를 주던 관리자를 상어가 덮치는 것이 아닌가! 구경꾼들과 구경해 가족은 너무 놀라 소리를 질렀다.

"아악, 상어가 사람을 덮칠 것 같아요!! 신고해야 되는 것 아닌가요??"

사람들이 웅성웅성거렸다.

"어머어머, 상어가 사람을 공격할 것 같아. 어머어머!!"

하지만 구경꾼들만 난리 법석일 뿐 정작 관리자는 태연했다. 왜냐하면 공격은커녕 뽕침을 하면서 장난을 치고 있었기 때문이다. 그러면서 관람객들에게 V자를 내밀었다.

"휴, 놀래라. 나는 또 상어가 너무 배가 고파서 사람을 잡아먹는 줄 알았네. 어떻게 저렇게 버릇을 잘 들였지?"

"그러게, 정말 신기하다. 그치?"

구경해 가족은 상어를 지나쳐서 이번엔 뱀을 만나게 되었다. 마침 그때도 뱀의 식사 시간 중이었다. 뱀의 먹이는 다름 아닌 햄스터였다. 자그마하고 귀여운 햄스터가 이리 도망가고 저리 도망가

과학공화국
지구법정 9

며 살려고 발버둥 치고 있었다. 하지만 어항 안에서 어디로도 도망갈 수가 없었다. 기껏해야 모형나무 사이에 들어갈 수 있었지만 뱀은 날렵하게 나무 사이에 들어간 햄스터를 물고는 햄스터의 몸을 칭칭 감았다. 그러고 나서 몇 초가 지나자 햄스터는 기절을 해 버렸다.

"으악! 뱀이 햄스터를 한입에 다 삼키려고 하고 있어요!! 저렇게 먹으면 체하지 않을까요??"

"경해야. 뱀은 원래 뭐든 다 통째로 먹어 치워. 얼마 전에는 뱀이 악어를 통째로 삼키려 하다가 배가 터져 죽었지. 하하, 참 멍청하면서도 과감한 녀석이야."

"우아~, 정말요? 햄스터가 불쌍해요."

한쪽에서는 뱀이 허물을 벗고 있었다. 뱀의 허물은 마치 비늘처럼 반짝거렸고 진득진득했다. 하지만 얼마 지나지 않아서 새로운 뱀이 탄생하고 허물은 딱딱한 껍데기가 되었다.

뱀을 지나고 나니 에스컬레이터가 물길처럼 구경해 가족을 인도해 주었다. 마치 해저 터널에 들어온 듯한 느낌을 주었다. 에스컬레이터를 타고 이동하면서 머리 위로 지나가는 상어와 정체 모를 큰 물고기들을 보니 정말 신기한 탐험 같았다.

"아빠! 저는 여기서 살고 싶어요. 물고기하고 같이 살래요."

"경해야. 물고기는 물에서 사는데 어떻게 같이 살려고 그래?? 경해가 물 안에서 숨을 쉴 수 있으면 이 아빠가 허락을 해 주지,

하하."

"제가 왜 물 안에 들어가서 살아요??! 물고기보고 나와서 살라고 하면 돼요, 이히히."

"경해야! 그보단 물고기들은 오줌을 안 싸요! 경해하고 같이 자다가 물고기가 경해 오줌 맞으면 기절할지도 몰라. 그러니까 안 돼!"

"아니에요!! 물고기하고 같이 살면 오줌 안 쌀 거예요. 집에서는 일부러 싼 거란 말이에요!!"

경해는 밀도 인 되는 억지를 부리며 자꾸 아쿠애리옴에서 살고 싶어 했다.

해저 터널을 지나고 나니 천오백 살 먹은 거북이가 눈에 들어왔다. 그 거북이는 거의 몸을 움직이지 않았다. 마치 돌덩이처럼 아무 움직임이 없었다. 경해는 호기심이 발동하여 거북이가 사는 유리벽에 노크를 하기 시작했다. 하지만 거북이는 여전히 움직임이 없었다. 오기가 생긴 경해는 계속 노크를 했다. 한 20분쯤 노크를 했을까? 거북이가 일어났다.

"와~, 거북이가 일어난다!!!"

경해는 거북이와 인사를 하려고 유리에 바짝 얼굴을 대었다. 그때 거북이가 갑자기 경해를 덮칠 듯이 빠른 속도로 다가왔다. 경해는 놀라서 주춤했지만 이내 안심했다. 왜냐하면 거북이가 두꺼운 유리에 머리를 텅 박고는 쓰러졌기 때문이다.

"아하하! 바보 거북이다. 유리가 없는 줄 알고 나한테 덤비다가

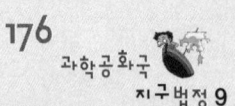

유리에 머리를 박았어!! 완전 안구에 습기인걸! 정말 안구에 습기야!! 하하하."

"경해야, 위험하니까 너무 바짝 붙어서 구경하지 마, 혹시 거북이가 돌머리라서 유리를 깨고 나오면 어떡할래??"

"에이, 설마!!"

거북이를 지나서 숲이 울창한 밀림 같은 곳으로 들어갔다. 파도가 흐르고 여러 종류의 물고기들이 지나다녔다.

"이곳은 체험실입니다. 배고프시다고 물고기를 회 떠서 드시면 절대로 안 됩니다. 물고기는 저희 아쿠애리움의 고유 재산이기 때문에 조심하셔야 합니다. 물고기를 살짝 건드리는 것까지는 허용합니다. 사람에게 해를 주는 물고기는 없으니, 안심하시고 체험하시기 바랍니다."

경해는 생쥐를 만난 고양이 마냥 물고기를 헤집고 다녔다. 물고기들은 경해의 움직임에 엄청난 스트레스를 받는 듯했다. 하지만 경해는 물고기를 조물조물 잘도 만지고 놀았다.

"경해야! 너무 만지지마. 그러다 물고기 죽겠다!"

"알았어요!!

경해 가족은 물고기 체험을 하고 물고기를 놓아 주었다. 그러고 나서 밀림을 통과하였다. 밀림을 통과하니 바다 생물에 대한 연구 학회가 열리고 있었다.

"경해야 저런 걸 잘 봐야 진짜 물고기들을 잘 알 수 있으니까 잘 보고 오늘 아빠한테 일기장 제출하도록!!"

"힝, 저런 건 정말 싫은데……."

연구 학회에서는 어떤 학자가 논문을 발표하고 있었다. 논문은 아주 깊은 바다의 열수에는 생물이 안 산다는 내용이었다. 그는 그 근거로 열수는 온도가 350℃ 정도까지 올라가 물고기가 있다면 모두 타 죽을 것이라고 말했다. 그런데 이 논문 발표를 아주 건방진 표정으로 듣고 있던 한 젊은 학자가 그렇지 않을 수도 있다고 반박을 하였다.

"바다 깊숙이 들어가지도 않았는데 무엇으로 그것을 증명할 수 있습니까??! 저는 그 논문을 이해할 수 없습니다!"

그러자 논문 발표자는 어이없다는 듯 화를 내며 그를 지구법정에 고소했다.

열수에 사는 생물들은 고온에 잘 견디고,
열수 주변의 황화물로 인해 번식한 박테리아를 먹고 삽니다.

여기는 지구법정

열수에서는 물고기가 살 수 있을까요?
지구법정에서 알아봅시다.

 재판을 시작합니다. 먼저 원고 측 변론하세요.

저는 이번 사건 내용을 잘 이해하지 못하시만 원고의 주장을 믿고 싶군요. 원고의 주장대로 열수의 온도가 350℃ 정도라면 물고기가 구이가 되지 어떻게 헤엄치고 돌아다니겠어요? 그러므로 원고의 논문은 인정되어야 한다고 주장합니다.

피고 측 변론하세요.

열수 연구소의 더운물 박사를 증인으로 요청합니다.

머리에 까치집을 진, 매우 꾀죄죄해 보이는 남자가 증인석으로 들어왔다.

열수가 뭐죠?

열수가 나오는 구멍을 열수분출공이라고 하는데 일종의 깊은 바다 속의 온천인 셈이지요.

왜 생기는 거죠?

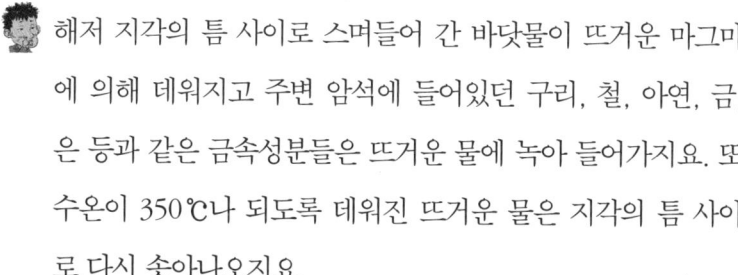
해저 지각의 틈 사이로 스며들어 간 바닷물이 뜨거운 마그마에 의해 데워지고 주변 암석에 들어있던 구리, 철, 아연, 금, 은 등과 같은 금속성분들은 뜨거운 물에 녹아 들어가지요. 또 수온이 350℃나 되도록 데워진 뜨거운 물은 지각의 틈 사이로 다시 솟아나오지요.

물은 100℃에서 수증기가 되잖아요? 그런데 왜 물로 남아 있는 거죠?

대기압에서 물은 100℃가 되면 끓어 수증기로 변하지요. 하지만 열수분출공이 있는 수심 2000~3000m 깊이에서는 압력이 200~300기압으로 높기 때문에 물의 끓는점이 높아집니다. 한편 뜨거운 물에 녹아 있던 물질들은 분출되면서 주변의 찬 바닷물과 만나 식게 되고 열수분출공 주변에 침전되어 굴뚝을 만드는데 이 굴뚝은 시간이 흐르면서 점점 자라게 되지요. 높이가 수십 미터 되는 것도 발견된 적이 있어요.

그런데 어떻게 물고기가 살 수 있는 거죠?

열수에 사는 생물들은 고온을 견딜 수 있고, 열수에는 황을 비롯한 광물질이 뿜어져 나와 주위에 가라앉아 있습니다. 그리고 구리, 납, 니켈 등의 중금속 황화물은 대부분의 생물에게는 독이 되지만 열수구의 생물들은 이 황화물 덕택에 삽니다. 황을 이용해 영양분을 만드는 박테리아가 번식해서 이 생물들의 먹이가 되기 때문이죠.

 참 신기한 생물들도 있군요. 그렇죠? 판사님.

 그렇다면 논문은 잘못된 것이군요. 그러니까 항상 어떤 연구를 할 때는 좀 더 신중한 자세가 필요합니다. 이것으로 재판을 마치도록 하겠습니다.

재판이 끝난 후, 열수에서도 물고기들이 살 수 있다는 것을 알게 된 구경해는 신기해 했다. 바다에는 참 신기한 것들이 많다는 것을 느낀 구경해는 바다 연구가가 되어서 바다에 대해 많은 것을 알아보겠다며 과학 공부에 열심을 기울였다. 그러자 구경해의 엄마는 시키지도 않은 공부를 한다며 혹시 아픈 것이 아닌가 걱정했다.

 압력과 끓는점

물과 같은 액체가 기체로 변하는 온도를 끓는점이라고 하는데 이 온도는 압력에 따라 달라진다. 1기압에 물의 끓는점은 100℃이지만 산 위로 올라가면 기압이 낮아져 물의 끓는점이 100℃보다 낮아지고 물속으로 들어가면 1기압보다 커져 물의 끓는점이 높아진다.

인도양에 생물이
제일 많이 산다고요?

생물이 가장 많이 사는 바다의 환경은 어떨까요?

사건속으로

"자, 모두들 안녕하십니까? 오늘의 토크쇼 주제는 '온라인 게임이 과연 학생들에게 어떠한 영향을 미치는가?' 입니다. 그럼 오늘의 학생 대표를 만나 보겠습니다. 우선 첫 번째 대표 나와 주세요."

"안녕하십니까? 저는 '모니터와 함께 밤을' 회원 대표 박터진입니다. 저는 오늘 온라인 게임이 학생들에게 미치는 긍정적인 영향을 알리기 위해 이 자리에 왔습니다."

"오! 박터진 군. 참으로 이름이 멋있군요. '박터진다' 라……. 후후, 자 그럼, 두 번째 대표 분을 모셔 볼까요?"

"안녕하세요? 저는 '손가락은 공부하기 위한 것' 회원 대표 나 똑순이에요. 저는 온라인 게임을 왜 자제해야 하며, 온라인 게임이 얼마나 학생들에게 부정적인 영향을 끼치는가에 대해서 많은 사람들에게 알려 주기 위해 이 자리에 나왔어요."

"두 대표 모두 이 자리에 오신 것을 환영합니다. 그럼 우선 박터진 학생의 말부터 들어 볼까요?"

"저는 저희 어머니께서 제가 온라인 게임을 하는 것을 보고 눈살을 찌푸리는 것을 이해할 수가 없습니다. 또한 많은 어른들이 학생들이 온라인 게임을 하는 것을 부정적으로 생각하시는데 이유를 알 수가 없습니다. 물론 저희가 온라인 게임을 하면서 몇 시간씩 컴퓨터 앞에 앉아서 손가락만 움직인다면 속이 타실 수도 있습니다. 또한 매일 집 전화 ARS로 아이템을 사는 것을 들키는 날에는 저희 집 난리 납니다. 하지만 저희는 학교 공부로 인해 많은 스트레스를 받습니다. 그 스트레스를 어디에 풉니까? 저희는 온라인 게임을 통해 쌓여 있던 스트레스를 날려 보냅니다. 온라인 게임은 중독이 아니라 저희의 스트레스 해소제인 것입니다."

"아니요, 저는 그렇게 생각하지 않습니다. 스트레스를 받아서 온라인 게임을 한다고요? 그럼 세상 사람들은 모두 스트레스를 받으니 다 온라인 게임을 해야겠군요."

"사람마다 스트레스 푸는 방법이 다르지 않습니까? 온라인 게임도 그 중에 하나일 뿐입니다."

"물론 학생들도 스트레스를 풀어야 하지요. 하지만 스트레스를 풀기 이전에 학생이라는 것을 잊어서는 안 돼요. 우리가 할 일은 공부지, 온라인 게임이 아니란 말이에요. 많은 학생들이 학교를 마치고 집에 가선 바로 컴퓨터 전원을 켜지요. 그러고는 저녁 먹는 시간을 제외한 모든 시간을 컴퓨터 화면만 들여다보면서 아이템이나 모으고 있잖아요!"

"뭐라고? 누가 시간 아깝게 아이템을 모아? 돈 주고 사는 거지!"

"지금 내 말에 꼬투리 잡는 거야? 돈 주고 사는 게 자랑이니?"

"뭐라고? 이게! 여자라고 봐줬더니?"

"뭐?? 여자가 어쩌고 저째?"

그 순간 사회자가 말릴 틈도 없이 나똑순 양이 손톱을 치켜세우고 박터진 군에게로 뛰어갔다.

"뭐? 여자가 어쩌고 저째? 다시 말해 봐! 한번 더 매서운 맛을 보고 싶으니?"

"뭐라고? 이게 정말!"

나똑순 양과 박터진 군은 엉겨 붙어 싸웠고, 토론회장은 순식간에 아수라장이 되어 버렸다. 사회자와 토크쇼 관계자들은 당황하며 이들을 뜯어 말리고 서둘러 1부를 종료하고 2부를 진행했다.

"드디어 토크쇼 2부가 시작되었습니다. 1부에서는 좀 소란스러운 일이 있었죠? 사회자인 저도 진땀이 났답니다. 이번 2부 주제는 '세계의 바다'입니다. 우선 대표자 님들을 모시겠습니다. 부디 이번엔 좀 얌전한 대표자 분들이길 바랍니다."

"안녕하세요? 저는 인도양 대표 황도인이라고 해요, 호호."

"아, 반갑습니다. 인도양의 자랑거리 하나만 소개해 주시죠."

"호호, 인도양으로 말할 것 같으면 태평양과 대서양을 제치고 가장 다양한 물고기가 서식하고 있지요."

"뭐라고? 그건 진실이 아닙니다!"

갑자기 대표자 한 명이 중간에 끼어들어 소리쳤다. 사회자는 당황해서 그 대표자에게 질문을 던졌다.

"안녕하세요? 어느 대표자이시죠?"

"예, 저는 태평양 대표 대양평이라고 합니다. 황도인! 왜 토크쇼에 나와서 거짓말을 하는 거죠? 이런 황구라!"

"뭐라고? 내가 언제 거짓말을 했어?"

"방금 인도양에 가장 다양한 물고기들이 서식한다고 했잖아? 세 개의 대양 중에서 태평양이 가장 넓으니까 태평양에 가장 다양한 물고기들이 서식하는 게 당연한데 어디서 거짓말을 하는 거야?"

대표자의 싸움에 사회자의 얼굴은 점점 울상이 되어 갔다.

"무슨 일입니까? 나오는 대표자들마다 감당이 안 되네요."

"후후, 내가 거짓말을 한다고? 정 내 말을 못 믿겠으면 법정에 의뢰해 보면 될 것 아냐!?"

"뭐? 법정에 의뢰해? 내가 하고 싶은 말이야! 당장 지구법정에 의뢰해 보자고!"

인도양은 바닷물이 비교적 따뜻하고 먹이가 많기 때문에
생물들이 살기에 가장 좋은 환경을 가지고 있습니다.

여기는 지구법정

인도양에 생물이 가장 많이 사는 이유는 무엇일까요?
지구법정에서 알아봅시다.

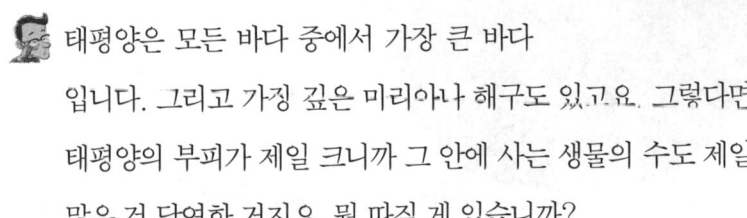

🧑‍⚖️ 재판을 시작합니다. 먼저 태평양 대표 측 지치 변호사 변론하세요.

🧑 태평양은 모든 바다 중에서 가장 큰 바다입니다. 그리고 가장 깊은 미리아나 해구도 있고요. 그렇다면 태평양의 부피가 제일 크니까 그 안에 사는 생물의 수도 제일 많은 건 당연한 거지요, 뭘 따질 게 있습니까?

🧑‍⚖️ 그건 두고 봅시다. 그럼 인도양 대표 측 어쓰 변호사 변론하세요.

🧑 해양 생물 연구소 소장인 김해양 씨를 증인으로 요청합니다.

파란 티셔츠에 청바지를 입은 30대 남자가 증인석에 앉았다.

🧑 인도양이 태평양보다 작지않나요? 제가 생각해도 가장 큰 바다인 태평양에 생물이 제일 많이 살 것 같은데 정말 인도양에 생물이 제일 많이 삽니까?

🧑 그렇습니다. 인도양은 태평양, 대서양 다음으로 크지요. 그리

고 넓이가 7342만 6000km²로 지구 표면의 약 7분의 1을 차지하고 있어요.

 3등이군요. 그런데 왜 인도양에 생물이 많이 살지요?

 인도양은 뭐니뭐니해도 아름다운 산호와 물고기로 유명합니다. 바닷물이 비교적 따뜻하기 때문에 바다 생물들이 살기에 딱 좋은 환경이에요. 그래서 많은 종류의 물고기들이 살고 있습니다. 대왕 오징어나 거대한 바다뱀, 그리고 실러캔스라는 고대 물고기들이 모두 인도양에 살지요.

 실러캔스가 뭐죠?

 5000만 년 전에 멸종되었다고 여겨졌지만 최근에 아주 원시적인 모습으로 아프리카의 마다가스카르 근해에 살고 있는 물고기지요. 이 물고기는 '살아있는 화석' 혹은 '환상의 물고기'로 불리고 있어요.

 결국 생물이 살기에 가장 좋은 환경을 가진 바다가 인도양이군요.

 이해가 됩니다. 사막이 아무리 넓어도 사람이 별로 안 살듯이 해양 생물도 넓은 곳에 많이 사는 것이 아니라 먹이가 많은 곳에 몰려 산다고 볼 수 있습니다. 그러므로 증인이 얘기했듯 가장 많은 해양 생물이 사는 곳은 인도양으로 결정하겠습니다. 이것으로 재판을 마치도록 하겠습니다.

재판이 끝난 후, 대양평은 인도양에 태평양보다 많은 해양 생물들이 살고 있다는 사실을 알고 놀랐다. 그리고 비록 해양 생물은 인도양보다 적지만 뭔가 태평양만이 가진 매력이 있을 것이라며 태평양에 대해 열심히 공부해 보기로 마음먹었다.

실러캔스

고대에 살았던 물고기로 화석으로 발견되었지만 최근에는 아프리카 동부 해안에서 살아있는 실러캔스가 잡혀 살아있는 물고기 화석으로 불린다.

고래와 소음

소음은 고래에게 어떤 영향을 미칠까요?

"여기가 고래가 지나다니기로 유명한 바닷가 마을이지? 호호, 근데 설마 이 바다에 그게 묻혀 있을 줄이야."

마이사와 홍여사는 의미 있는 웃음을 주고받으며 바다 근처의 마을로 들어섰다. 이들은 옷차림부터 심상치 않았다. 마이사는 무더운 여름 날씨에도 불구하고 검은 정장에 검은 넥타이를 매고 있었고, 홍여사는 마치 파티에서 잠시 빠져 나온 사람처럼 머리 뒤쪽에 빨간색 커다란 꽃 리본을 꽂고 빨간색 드레스를 입고 있었다. 이 둘이 마을로 들어서자 동네 사람들은 그들을 힐끔거렸다.

"흥! 이런 시골 바다 마을! 우리가 무슨 원숭이라도 되나? 왜 계속 힐끔거리고 난리야?"

"홍여사 님, 참으십시오. 저희야 저희 볼일만 해결하고 올라가면 되지 않습니까?"

"어휴, 이 짠 냄새. 옷에 다 배는 거 아냐? 이 드레스는 앙드레 송이 만든 옷인데……. 휴, 얼른 움직이자고! 이 짠내 나는 곳에 오래 있고 싶은 생각은 추호도 없으니까!"

마이사와 홍여사는 마을의 자그마한 사무실을 빌린 후 회사 앞에 크게 써 붙였다.

일하실 분 구합니다. 일당은 하루 10만 달란입니다.

동네 사람들이 이 광고를 보고 사무실 앞으로 모여 들었다.

"도대체 어떤 일이기에 일당을 10만 달란이나 준다는 거요?"

"10만 달란이면 유람선을 200번이나 탈 수 있는 큰 돈인데 어떤 일을 하면 되는 건가요?"

사람들은 귀가 솔깃해져서 물었다.

"안녕하세요, 저는 마이사이고 이 분은 홍여사 님이십니다."

"안녕하세요, 홍여사예요. 호호호."

동네 사람들은 홍여사의 옷을 보고 수군거렸다.

"저 여자는 옷이 왜 저래? 어디 파티 가나?"

"파티는 무슨, 정신이 좀 어떻게 된 것 같은데?"

'흥, 촌스러운 것들! 앙드레 송의 드레스도 못 알아보다니!'

홍여사는 마을 사람들을 무시하는 말투로 말을 계속 이어 나갔다.

"저희가 이곳에 온 이유는 바로 이 마을 앞 바다에 석유가 묻혀 있다는 얘기를 들었기 때문입니다. 설비 및 장비는 저희가 모두 지원해 드리니 저희 일을 도와주실 분을 찾고 있습니다. 머리 쓰는 것은 전혀 기대 안 하니 체력만 좋으시면 됩니다. 호호."

"석유? 그게 뭐더라?"

"이 바보야, 석유도 몰라! 자네 집 트럭에 넣는 물 있잖아! 물 넣고 나면 왜 그 트럭이 움직이지 않던가? 그게 석유잖아."

"아, 그게 석유야? 그런데 석유는 저기 저 먼 바다에만 있다고 들었는데? 세상에, 우리 앞 바다에 석유가 있다고?"

동네 사람들은 흥분하여 시끄러워졌다.

"자, 여러분! 저희를 도와서 일을 해 주실 분 계신가요? 하루에 10만 달란씩 드립니다."

동네 사람들은 너도 나도 손을 들며 돕겠다고 했다. 마이사는 그 모습을 보며 혼자 빙그레 웃었다.

"자, 그럼 오늘부터 당장 일을 시작할까요?"

마이사와 홍여사는 동네 사람들을 이끌고 바다로 갔다. 그러고 나서 석유 탐색 설비 사용법을 마을 사람들에게 설명하며 일을 진행시켜 나갔다.

"윙~, 윙~."

매일같이 석유 탐색 작업 때문에 시끄러운 소리가 들려 왔다. 마을 사람들은 처음에는 바다에서 들려오는 이 소리가 뭔지 의아해했지만 곧 익숙해져 갔다.

"이거 일이 착착 진행되고 있는걸. 훗, 그렇지, 마이사?"

"예. 그럼요, 홍여사 님. 모두 저에게 맡기시고 마음 푹 놓으셔도 됩니다."

"석유야, 얼른 나오거라. 얼른! 호호."

마이사와 홍여사는 일이 자기들 뜻대로 되자 사무실에서 기뻐하며 웃고 있었다. 그 순간 사무실 문이 벌컥 열렸다.

"여기 홍여사 어디 있어?"

"여보세요! 찾아 왔으면 먼저 자기소개를 해야 하는 것 아니에요? 어디서 무례하게 다짜고짜 사무실 문을 홱 열어? 건방지게!"

"당신이 홍여사야?"

"그래. 내가 홍여사다! 왜?"

"당장 내 밥줄 살려내! 당장!"

"마이사, 저건 또 무슨 소리야? 저 사람 저거 낮에 술 먹은 거 아니야? 마이사, 처리해!"

"안녕하세요? 마이사입니다. 저랑 얘기하시죠. 성함이?"

"나? 나 마을 앞 바다에서 유람선 운영하는 독오철이야! 우리 동네가 고래가 지나다니는 걸로 유명한 동네인 것 알아, 몰라? 그런

데 당신들이 이 동네에 와서는 바다에서 석유 탐색 작업을 한답시고 매일같이 시끄럽게 구니까 그 소리 때문에 고래가 새끼를 못 낳는다고! 그래서 점점 마을 유람선 관광객 수가 줄고 있다고! 알겠어? 그러니까 당장 중단해!"

"이것 보세요. 독오철 씨, 시끄러운 소리가 고래랑 도대체 무슨 관계입니까? 괜히 여기서 행패 부리지 마시고 가서 관광객 수 늘릴 생각이나 하시죠!"

"뭐라고? 정 중단 못 하겠다면 내가 지구법정에 고소하는 수밖에 없지! 두고 보라고!"

소리로 의사소통을 하는 고래는 인간이 만들어 낸 소음 때문에
서로 짝을 찾아내기 힘들어 짝짓기를 하기가 힘들어졌습니다.

여기는 지구법정

**고래와 소음과는 어떤 관계가
있을까요?**
지구법정에서 알아봅시다.

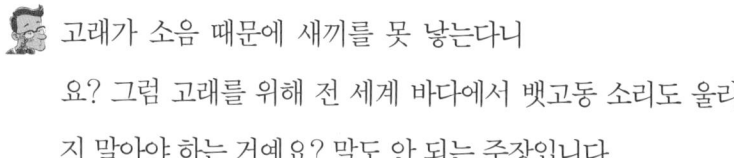 재판을 시작합니다. 먼저 피고 측 변론하

세요.

고래가 소음 때문에 새끼를 못 낳는다니

요? 그럼 고래를 위해 전 세계 바다에서 뱃고동 소리도 울리

지 말아야 하는 거예요? 말도 안 되는 주장입니다.

그럼 원고 측 변론하세요.

고래 연구소의 주고래 박사를 증인으로 요청합니다.

보통 사람 덩치의 두 배쯤 되어 보이는 20대 남자가

증인석으로 들어왔다.

고래는 어떤 동물이죠?

물속에 살고는 있지만 어류가 아니라 새끼를 낳아 젖을 먹이

는 포유류입니다.

시끄러우면 고래가 새끼를 못 낳는 게 근거 있는 얘긴가요?

네. 바다의 소음 공해 때문에 고래들이 짝짓기를 할 수가 없어요.

그건 왜죠?

고래는 소리로 의사소통을 합니다. 암컷과 수컷이 소리를 내서 서로 위치를 확인하기도 하고, 주변의 지형을 파악하기도 하지요. 고래의 소리가 전달되는 거리는 수 킬로미터나 돼요. 하지만 요즘은 수중 탐지기며 원유 탐색 작업 등으로 인해 인간이 만들어 낸 소음이 엄청나서 고래들끼리 소리를 주고받기가 힘들어지고 있어요. 그래서 서로 짝을 찾아내기도 힘들고, 따라서 짝짓기를 하기도 힘들어지는 것이지요.

동물과 소음

대부분의 동물들은 사람처럼 소음에 스트레스를 받는다. 예를 들어 임신한 소에게 소음을 들려주면 유산이 될 확률이 높고, 소음이 큰 지역의 닭이 그렇지 않은 지역의 닭보다 달걀을 적게 낳는다는 것이 실험을 통해 알려져 있다.

정말 불쌍하군요. 고래는 전 세계에서 멸종 위기에 있는 동물입니다. 그러므로 우리의 후손이 고래를 볼 수 있도록 해양 소음을 줄이는 노력을 기울어야 할 것입니다. 고래들이 사랑의 메시지를 전달할 수 있도록 말이지요. 그러므로 원고 측 주장대로 방음 장치를 설치한 다음에 공사를 다시 시작할 것을 판결합니다. 이상으로 재판을 마치도록 하겠습니다.

재판이 끝난 후, 홍여사는 판결대로 공사 기계에 방음 장치를 설치한 후 다시 석유 발굴 작업을 시작했다. 그러자 고래들은 다시 바다에 모습을 드러냈다. 그 후 그 바다는 고래들도 출몰하고 석유도 나오는 바다로 유명해졌다.

연어가 민물고기야? 바닷고기야?

연어는 어디에서 살까요?

사건속으로

"독재자, 여기 앞 자리는 네 자리가 아니거든! 네 자리는 저기 테이블 맨 끝이니 저 끝으로 좀 가 줄래?"

"뭐? 이 예의범절이라곤 눈곱만큼도 없는 이해양 같으니라고! 학회에서 그게 할 소리냐?"

"뭐? 예의범절이 눈곱만큼도 없어? 네 눈곱은 그렇게 크냐?"

독재자와 이해양은 어류 학회의 일원이다. 하지만 독재자와 이해양이 만나기만 하면 싸우는 바람에 최근 어류 학회의 분위기는 뒤숭숭하다. 처음부터 사이가 나빴냐고? 물론 아니다. 일이 터진

건 1년 전이었다.

"호호호~, 독재자, 이번 여름에는 피서 어디로 갈 거야?"

"피서? 아직 계획 안 짰는데……, 그럼 이번에 너희 가족이랑 같이 갈까?"

"좋지! 우리는 이번에 동해 바다로 갈 생각인데 그럼 너희 가족도 동해 바다 어때?"

"동해 바다? 호호호, 물론 좋지! 그럼 우리 수박이랑 고기랑 잔뜩 사 가지고 출발하세!!"

그렇게 독재자의 가족들과 해양이네 가족들은 같이 여름 피서를 가게 되었다.

"와, 사람도 많이 없고 너무 좋은걸! 그럼 애들은 저기 가서 놀거라! 우리 어른들은 모래찜질하면서 좀 쉴 테니!"

아이들은 팔을 휘두르며 기쁜 표정으로 모래사장 위를 달렸다. 먼 바다까지 오느라 지친 어른들은 모래찜질을 하며 휴식을 취했다. 30분이 흐르고, 아이들이 배가 고프다며 쫓아 왔다.

"엄마, 배고파. 목도 마르고! 뭐 먹을 것 없어? 뭐 좀 먹고 더 놀래!"

"먹을 것? 엄마 지금 모래찜질 중이라서 못 꺼내 주니까, 저기 파라솔 밑에 오렌지하고 과일 있지? 그것 좀 대충 먹고 있어."

아이들은 파라솔 밑으로 다가갔다. 거기에는 수박, 오렌지 등 여러 가지 과일이 있었다.

그때 독재자 아들의 눈이 반짝 빛났다.

"수박!!!"

그러고 나서 애들을 모두 모아 자기들끼리 귓속말로 쑥떡 쑥떡 하고는 한 명이 살금살금 수박을 들고 가기 시작했다. 그러곤 가위 바위 보를 하여 진 아이의 눈을 수건으로 감겼다. 아이들은 '수박 깨기' 놀이를 하려는 것이었다. 술래가 된 독재자의 아들은 딱딱한 나무 막대로 아이들의 박수 소리가 나는 곳을 퍽퍽 쳤다. 하지만 수박은 깨지지 않은 채 요리조리 굴려 다녔다.

"에잇!"

큰 기합 소리와 함께 수박을 향해 나무 막대를 내리쳤다.

"으아아악! 이놈이!"

수박은 데구르르 굴러 옆으로 비껴나고 모래찜질을 하던 이해양 의 얼굴을 막대가 강타한 것이다.

"야, 이놈아! 너는 눈도 없어? 감히 어디서 어른 얼굴에!"

화가 난 이해양은 당장 모래 속에서 나와서 꾸중을 하기 시작 했다.

"죄송해요. 그런데 수건으로 눈을 가려서 잘 안 보였어요."

"뭐? 그걸 말이라고 해? 지금 어디서 말대꾸야? 너희 집에서는 그렇게 가르치니?"

이 말을 듣고 있던 독재자는 얼굴이 붉으락푸르락하며 일어났다.

"아니, 애가 지금 죄송하다고 말하고 있는 것 안 들려? 애들이 게임하다가 그럴 수도 있는 거지! 너희 집은 그럼 얼마나 교육을 잘 시키니?"

"뭐가 어쩌고 저째? 여보, 당장 짐 싸요!"

그 뒤부터 독재자와 이해양의 가족은 극과 극을 달리기 시작한 것이다. 결국 어류 학회는 이 두 학자 때문에 민물고기 학회와 바닷고기 학회라는 두 파로 나눠지게 되었다.

"야, 독재자! 넌 민물고기 학회니까 너희 학회는 이제부터 민물고기만 먹어야 해! 알겠어?"

"뭐라고? 이해양! 그런 유치한 발언을 하다니, 너 유치원 가야겠구나!"

"뭐라고? 한번 붙어 볼 테야?"

보다 못한 학회 사람들이 이를 말리고 중재에 나섰다.

"좋습니다. 그럼 민물고기 학회는 민물고기만 먹고 바닷고기 학회는 바닷고기만 먹기로 합의합시다. 만약 이를 어길 경우, 모두 앞에서 짱구의 엉덩이춤을 춰야 합니다. 모두 동의하십니까?"

"예, 동의해요!"

"동의합니다."

이렇게 해서 민물고기 학회는 민물고기만 먹고, 바닷고기 학회는 바닷고기만 먹게 되었다.

그러던 어느 날 두 학회 사람들이 같은 식당에서 만나게 되었다. 민물고기 학회 사람들은 신나게 먹고 있는 중이었고, 바닷고기 학회 사람들은 막 식당으로 들어서는 참이었다.

"어? 저기 독재자가 있는 걸 보니 민물고기 학회 같은데?"

"어? 진짜 맞네. 쟤들 또 민물고기 먹고 있겠지? 후후, 우리는 맛있는 바닷고기 먹어야지! 근데 가만, 쟤들 먹고 있는 게……, 연어 아냐? 야, 독재자! 너희 민물고기 학회가 지금 무슨 고기를 먹고 있는 거야?"

"우리? 연어 먹는다! 왜? 또 어디서 시비 걸려고 말 붙이는 거야?"

"뭐? 연어? 하하하. 너희 민물고기 학회 드디어 걸렸구나! 연어는 바닷고기인데 너희가 왜 먹고 있냐? 자, 얼른 벌칙! 짱구의 엉덩이춤을 춰라!"

"뭐? 바보 같기는! 연어는 민물고기라고!"

"무슨 소리하는 거야? 연어는 바닷고기야!"

"아냐! 민물고기야! 우길 걸 우기라고! 정 그렇다면 지구법정에 의뢰해 보는 게 어때?"

연어는 강에서 알을 낳고, 새끼 연어도 강에서 자라지만,
성인이 된 연어는 자신의 삶의 대부분을 바다에서 보냅니다.

여기는 지구법정

연어는 민물고기일까요?
바닷고기일까요?
지구법정에서 알아봅시다.

 시작합니다. 먼저 지치 변호사 의견 말하세요.

연어는 강에도 있고 바다에도 있으니까 그냥 민물바닷고기라고 하면 어떨까요? 연어가 민물고기인지 바닷고기인지가 뭐가 중요하지요? 맛있게 먹으면 되지. 음, 먹고 싶다. 연어의 붉은 살을……

에구, 내 팔자야. 저런 사람을 변호사라고……. 그럼 어쓰 변호사 변론하세요.

연어 연구소 소장 나연어 박사를 증인으로 요청합니다.

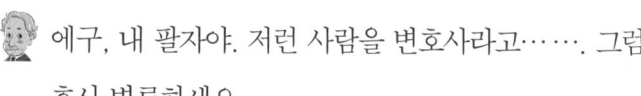

얼굴이 다른 사람보다 다소 붉은 30대 남자가 증인석으로 들어왔다.

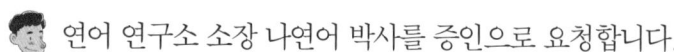

 연어는 어떤 물고기죠?

 맛있는 생선입니다.

 농담하지 말고 진지하게 얘기해 주세요.

 알았습니다. 연어는 바다에 사는 물고기인데 알을 낳기 위해

서 자신이 태어난 강으로 오는 아주 신기한 물고기지요. 연어
는 강의 얕은 곳까지 거슬러 올라와 알을 낳습니다.

 그럼 알에서 깬 새끼 연어는 어떻게 되지요?

 알에서 깬 새끼 연어는 조금 크면 바다로 나
갑니다. 그리고 알맞은 수온과 좋아하는 먹이
가 많은 알래스카나 홋카이도 같은 먼 곳에서
2~3년 정도 지내지요. 그리고 70~80cm로
자란 연어는 알을 낳기 위해 태어난 곳인 강
으로 돌아오는 것입니다.

가장 오래 산 물고기

1860년 대서양에서 태어나 스웨
덴의 수족관에서 1948년에 죽은
푸티라는 뱀장어가 가장 오래 산
물고기이다.

 말씀 감사합니다.

 판결하겠습니다. 연어가 강에서 알을 낳고, 새끼 연어가 강에
서 자라는 것은 사실이지만 성인이 된 연어는 자신의 삶의 대
부분을 바다에서 보내므로 연어는 바닷고기로 판단하는 것이
좋겠습니다. 이상으로 재판을 마치도록 하겠습니다.

재판이 끝난 후, 연어가 바닷고기임이 밝혀지자 민물고기 학회
인 독재자네 가족은 엉덩이춤을 출 수밖에 없었다. 그 모습을 보고
오랜만에 큰 웃음을 지은 이해양네 가족은 그동안 쌀쌀맞게 군 것
이 미안했다며 독재자의 가족에게 화해를 청했다. 독재자네 가족
도 사과를 받아들였고, 그 후 두 가정은 다시 친한 이웃이 되었다.

넙치가 어디 있어요?

넙치를 잡기가 힘든 이유는 무엇일까요?

사건속으로

"제6회 어촌일기 최고의 잠수 챔피언 대회가 지금 막 개최되었습니다. 우승자에게는 트로피와 일자리가 바로 제공됩니다. 참가자는 모두 파라솔 앞으로 모여 주십시오."

나얼방은 방송을 듣자마자 파라솔 앞으로 뛰어갔다. 1년 동안이 대회를 기다린 그였다. 작년에는 너무나 아쉽게 우승 자리를 놓치는 바람에 이번에야말로 반드시 우승을 다짐하며 1년간 맹연습을 해 왔다. 얼방이가 파라솔 앞으로 뛰어가니 이미 많은 후보 선수들이 와 있었다.

"제6회 어촌일기 챔피언 대회에 대해서 간단히 설명해 드리겠습니다. '땅' 하는 총소리와 함께 다 같이 바다로 뛰어 들어가시면 됩니다. 그 후 머리가 가장 늦게 물 위로 올라오는 분이 우승하는 겁니다. 매우 쉽죠? 바다 속에 들어가면 저 대신 산호들에게 안부 전해 주세요. 하하, 그럼 준비!"

얼방이는 가슴이 콩닥 콩닥 뛰었다.

"하나, 둘, 셋, 땅!"

총소리와 함께 많은 후보 선수들이 바다로 뛰어 들기 시작했다. 얼방이 역시 허겁지겁 바다 안으로 고개를 밀어 넣었다. 점차 시간이 지나고 한 명씩 한 명씩 머리를 들고 물 밖으로 나오기 시작했다.

"이제 대회는 막바지를 향해 달리고 있습니다. 남은 3명의 후보 선수 중 과연 누가 우승자가 될까요?"

사회자의 말이 끝나기 무섭게 한 명이 탈락했다. 한 명은 바다 깊은 곳에 있는지 모습이 보이지 않았고, 얼방이는 얼굴을 바다에 담근 채 둥둥 떠 있었다. 그때 갑자기 모습을 보이지 않던 후보 선수 한 명이 물 위로 몸을 솟구쳤다.

"휴, 겨우 살았네! 진작 나오고 싶었는데 발이 바위 밑에 끼어서 나올 수가 있어야지! 죽을 뻔했어!"

"예! 우승자가 결정되었습니다! 우승자는 나얼방 씨입니다!!!!"

폭죽이 터지며 우승자가 결정되었다. 그 순간 얼방이는 바닷가로 헤엄쳐 나오기 시작했다.

"나얼방 씨, 우승을 축하합니다. 어떻게 이렇게 오랫동안 숨을 참을 수 있었죠? 정말 대단합니다."

"사실은 잠이 들어 버렸어요. 어젯밤에 긴장이 되어서 한숨도 못 잤더니 물속에 있는데 잠이 솔솔 오는 거예요. 그래서 나도 모르게 잠들었나 봐요. 히히."

"뭐라고요? 잠이 들었다고요? 흠흠, 어쨌든 우승자는 나얼방 씨입니다. 나얼방 씨에게는 100% 구리로 만든 이 트로피와 일자리가 제공됩니다. 축하합니다."

얼방이는 기분 좋게 트로피를 들고 집으로 왔다.

'히히, 드디어 일등이군. 내일부터 출근이라고 했으니까 오늘은 일찍 자고 아침 일찍 출근해야지!'

그 다음 날이 되자 얼방이는 두근거리는 마음으로 집을 나섰다.

'바닷가 근처 '넙치네'로 오랬지? 아, 저기 있군.'

"안녕하세요? 저는 어촌일기 최고의 잠수 대회 챔피언 나얼방이라고 합니다. 오늘부터 여기 출근하라는 말을 듣고 이렇게 왔습니다."

"얘기 들었습니다. 어서 와요. 잠수 대회 챔피언이시면 잠수는 잘하시겠네요?"

"하하, 당연하죠."

"그럼 오늘부터 당장 시작하도록 하죠. 이 잠수복을 착용해 주시겠어요? 바다 밑에 내려가면 바닥에 넙치가 많이 있을 거예요. 하

루 동안 최대한 많은 넙치를 잡아 와 주기 바라요. 저희 가게 월급
은 정말 많답니다. 호호, 그러니 최선을 다해 주세요. 잠수 대회 챔
피언이시니 정말 믿음이 가네요. 호호."

얼방이는 잠수복을 착용하고 바다 속으로 들어갔다. 하지만 막
상 내려가 보니 바다 바닥에 넙치는커녕 물고기 한 마리도 보이지
않았다. 얼방이는 결국 하루 종일 한 마리도 못 잡은 채 허탕을 치
고 말았다.

"뭐?? 하루 종일 한 마리도 못 잡아??? 그러고도 당신이 챔피언
이야? 으이고, 당신 해고야! 이런 얼빵이 같으니라고!"

"뭐요? 해고요? 제가 왜 해고예요? 없어서 못 잡았는데 그게 제
잘못입니까? 그리고 저는 얼빵이가 아니라 얼방입니다! 날 해고시
킨다면 나는 당신들을 지구법정에 고소하겠어요!"

넙치는 먹이를 잡기 위해서나 자신을 잡아먹는 동물로부터
자신을 보호하기 위해 보호색을 띠고 있습니다.
자신의 몸과 비슷한 색깔의 암초 사이에 몸을 숨기기도 하지요.

여기는 지구법정

나얼방 씨는 왜 넙치를 못 잡았을까요?
지구법정에서 알아봅시다.

🧑‍⚖️ 재판을 시작합니다. 먼저 원고 측 변론하세요.

🧑 넙치가 보이질 않는데 무슨 재주로 넙치를 잡는단 말입니까? 없는 걸 없다고 말했는데 해고하다니요. 넙치들이 그날 행사가 있어 모두 어디론가 가버렸나 보죠. 그걸 얼방 씨 책임으로 돌리는 건 너무 잔인해요.

🧑‍⚖️ 피고 측 변론하세요.

🧑 넙치 연구소의 너부치 박사를 증인으로 요청합니다.

얼굴이 넓적하고 큰 40대 남자가 증인석으로 걸어 들어왔다.

🧑 넙치는 어떤 물고기죠?

🧑 두 눈이 비대칭적으로 머리의 왼쪽에 쏠려 있고 몸이 납작하지요. 넙적한 물고기라는 의미의 광어라고 불리기도 합니다.

🧑 가자미와 다른가요?

🧑 비슷하게 생기기는 했지만 두 눈이 오른쪽으로 몰려있는 가

자미와는 다르죠.

 왜 넓적하게 생긴 거죠?

 넙치는 바다 밑바닥에 살기 때문에 큰
수압을 분산시키기 위해 몸이 넓적하
게 변했다고 볼 수 있습니다.

전기메기

강에 사는 물고기 중에 전기를
발생하는 것도 있다. 아프리카
열대 지방의 강에 사는 전기메기
는 400~450볼트의 전기를 발생
시킨다.

 넙치가 잘 안 보이나요?

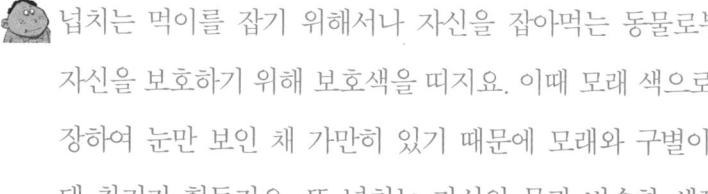 넙치는 먹이를 잡기 위해서나 자신을 잡아먹는 동물로부터
자신을 보호하기 위해 보호색을 띠지요. 이때 모래 색으로 위
장하여 눈만 보인 채 가만히 있기 때문에 모래와 구별이 안
돼 찾기가 힘들지요. 또 넙치는 자신의 몸과 비슷한 색깔의
암초 사이에 몸을 숨겨 자신을 보호하기도 합니다.

 그렇군요. 판사님 판결 부탁드립니다.

 넙치를 잡으러 가는 사람은 넙치의 보호색에 대한 연구를 했
어야 합니다. 또한 원고는 넙치의 눈을 발견하기 위해 좀 더
세심한 노력을 했어야 하는데 그렇지 않은 것으로 인정되어
이번 해고는 정당하다고 판결합니다. 이것으로 재판을 마치
도록 하겠습니다.

재판이 끝난 후, 결국 해고를 면치 못하게 된 얼방은 자신의 얕
팍한 지식에 실망했다. 그 후 얼방은 공부를 해서 전문직에 종사하
겠다고 마음먹고 열심히 공부했다.

과학성적 끌어올리기

해저 탐험

바닷물의 성질이나 해저의 상태를 조사하는 방법으로써 먼저 생각할 수 있는 것이 바다 위에서 조사하는 방법입니다. 이러한 방법으로 바닷물이나 해저를 조사한 것은 1872년에서 1876년에 걸쳐 세계 일주의 항해를 한 영국의 챌린저 호가 처음입니다. 그 후 여러 나라의 해양 조사선이 조사하게 되었습니다. 해양 조사선에는 바닷물을 채취하는 채수기, 채취한 바닷물의 염분이나 산소량을 재는 장치, 바다의 깊이나 바닷물의 온도를 기록하는 장치, 해류의 속도를 재는 장치, 바다의 깊이를 재는 음향 측심기 등이 실려 있습니다.

해저 탐험의 역사

인간과 바다의 관계에 대해 알아보도록 합시다. 우리 인간은 옛날부터 바다를 동경하고, 해저를 알고자 하는 욕구로 가득 차 있었습니다. 현재는 바다 속에 해저 도시 건설 계획까지 추진하고 있습니다. 미국의 생물학자인 비비는 둥근 쇠공 속에 들어가 1000m까지 잠수했고 프랑스 피카르는 바티스카프 호를 타고 해저 4500m를 탐험했습니다. 이 탐험에 성공을 거두자 트리에스테 2호를 타고 1만 1000m의 심해를 잠수했습니다. 트리에스테 2호가 탐험한 곳은 마리아나 해구의 챌린저 해연입니다. 비비가 잠수했을 때는 창에 석영 유리를 썼으나, 바티스카프 호는 플렉시 유리라는 아주 튼튼한 플라스틱을 썼습니다.

심해의 자원

깊이 3000~6000m 정도의 해저에는 망간이나 철 등의 광물 자원이 많이 있습니다. 해상에서 양동이를 내려 퍼내는 방법도 있습니다. 그러나 해저 작업선으로 해저에 잠수하여 광물을 파는 편이 더욱 확실합니다. 선내에서 자유로이 움직일 수 있는 머니퓰레이터를 사용하여 광물을 채취하거나 컨베이어가 달린 전동 삽으로 광석을 캐내기도 합니다. 이렇게 채취한 광석은 해저 창고에 넣거나 뜨고 가라앉을 수 있는 기구로 해상까지 떠올리기도 합니다.

과학성적 끌어올리기

세계 여러 나라의 탐사선

지구상에 처음으로 발생한 생명이 바다에서 기원한 것과 같이 인류와 바다의 관계는 끊으려야 끊을 수 없습니다.

이러한 바다를 과학적인 흥미의 대상으로 보기 시작한 것은 19세기에 들어와서 대규모의 해양 관측을 하면서부터입니다.

오늘날 바다에 관한 보다 많은 지식이 필요한 까닭은 무엇일까요?

해저에는 석유 등 우리 생활에 없어서는 안 될 유용한 광물 자원과 식량 자원이 풍부합니다. 현재 세계 여러 나라에서는 바다를 연구하는 데 엄청난 노력과 자본을 투자하고 있습니다. 물론 바다를 연구하는 데는 많은 비용과 기술을 필요로 합니다. 그래서 후진국에서는 엄두조차 낼 수 없는 형편입니다. 그러나 한없이 넓은 바다의 엄청난 지하자원은 몇몇 나라의 독점 소유물이 될 수는 없습니다. 현재로서는 미국·프랑스·영국·독일·일본 등 선진국이 심해의 자원 개발을 독점하고 있습니다. 삼면이 바다로 둘러싸여 있는 우리나라도 하루 빨리 바다 연구에 나서야 합니다.

과학성적 끌어올리기

대륙붕의 석유 개발

석유는 육지의 땅 속뿐만 아니라, 대륙붕 밑에도 있다는 것을 알고 있습니다. 대륙붕의 석유를 채취하려면 큰 작업선을 띄우고 위에서 회전을 전달하는 케이블로 해저에 설치한 드릴을 돌리는 방법이 있습니다. 작업선이 해류 등으로 떠내려갈 경우는 해저에 설치된 초음파 장치로부터 초음파를 받아 벗어 나간 위치를 자동적으로 바로 잡습니다. 퍼낸 석유는 해저 석유 탱크에 저장됩니다.

세계 석유 매장량의 약 23%, 천연 가스 매장량의 14%는 해저에 매장되어 있습니다. 이러한 자원을 개발하기 위하여, 세계 여러 나라에서는 해저 탐사가 이루어지고 있으며, 그 방법으로는 잭업식 · 반잠수식 · 잠수식 · 선반식 등이 있습니다.

미래의 해저 도시

옛날에 물에 빠진 심청이가 용궁에 갔었다는 이야기가 있지만, 가까운 장래에는 정말로 인간이 해저에서 살 시대가 올 것입니다.

해저 도시에서는 관문 터널처럼 바다 밑에 여러 갈래의 터널을 거미줄처럼 쳐놓고, 환기가 잘 되는 방들을 많이 만들 것입니다. 창은 경질 유리나 플라스틱으로 수압에 견딜 수 있도록 만들어질 것입니다. 바닷물에서 단물을 만드는 장치, 쓰레기 등을 정화하여 물로 바꾸어 바다에 버리는 기계 등 육지와는 다른 설비도 필요하게 될 것입니다. 또한 애퀄링(수중 호흡기)이 생활필수품이 되고, 수중 스쿠터·수중 비행정이 자전거나 자동차 구실을 하게 될 것입니다.

미래의 바다 공원

바다 속에는 바위에 달라붙은 말미잘이나 산호, 그리고 이곳에 모이는 물고기 등 아름다운 경치를 볼 수 있습니다. 그러한 아름다운 바다를 소중히 하면서 사람들이 아름다운 바다를 보고 즐길 수 있도록 하려는 것이 바다 공원입니다.

해중에 만들어진 보도를 통하여 해중 레스토랑에 가고, 창으로 바다 속의 경치를 보면서 식사를 합니다. 그 위는 요트 선착장이나 헬리콥터 착륙장으로 되어 있습니다. 또한 해저의 집도 있습니다.

과학성적 끌어올리기

여기에는 2종류가 있어서, 하나는 잠수구로 잠수하는 사람을 위한 집이고, 또 하나는 지상과 같은 집으로 해중 버스를 타고 갑니다.

과학성적 끌어올리기

미래의 바다 목장

물고기는 우리 인간의 식량 자원으로 매우 중요합니다. 그러나 자연적으로 살고 있는 물고기를 마구잡이로 잡다 보면 결국에는 고갈되어 버릴 위험이 있습니다.

앞으로 부족한 식량을 보충하기 위해서는 물고기를 기르는 바다 목장이 필요하게 될 것입니다. 미래의 바다 목장에서는 바다에 영양분을 뿌려 물고기의 먹이가 되는 플랑크톤을 기릅니다. 그것을 작은 물고기에 먹여서 크게 기르거나 나아가 작은 물고기를 먹는 큰 물고기를 기르기도 합니다.

해저에는 물고기가 살 콘크리트 집이며, 미역이나 다시마 밭도 있습니다. 단, 물고기를 모으는 집어등이 켜져 있어서, 잡고 싶은 물고기를 언제라도 잡을 수 있게 되어 있습니다.

해상에는 감시소가 있어서 물고기의 성장 상태나 질병 등을 관찰하고, 음파로 물고기 떼나 물고기의 수를 조사합니다. 또한 새우나 조개 등을 기르는 바다 목장도 생각되고 있습니다.

바다 목장을 설치하기에 적당한 곳은 수심 200m 이하의 얕은 대륙붕입니다.

과학성적 끌어올리기

바다에 도전한 사람들

엔리케 왕자 (포르투갈, 1394~1460)

유럽에서 바이킹 다음으로 훌륭한 탐험가는 포르투갈 사람이었습니다. 특히 엔리케 왕자는 항해술을 발전시키는 것을 평생의 사업으로 삼았던 사람입니다.

엔리케 왕자는 1394년, 포르투갈 왕 주앙 1세의 아들로 태어났습니다. 학문을 좋아했으며, 훌륭한 군인이기도 했습니다. 그는 십자군에 가담하여, 몇 차례의 전쟁에 나가 있는 동안 배를 이용하여 동양으로 직접 갈 수 있는 방법을 생각하곤 하였습니다.

유럽인은 고기의 맛을 좋게 하고, 냄새를 없애기 위해 향료나 후추를 가지고 싶어 했습니다. 그런데 아라비아인의 방해로 육지를 통해서는 향료가 유럽으로 들어오지 못했습니다.

그래서 엔리케 왕자는 배를 이용하여 직접 동양으로 가는 길을 개척하는 방법 외에는 다른 방법이 없다고 항상 생각하였습니다.

제1단계로 1416년에 사그레스라는 항구 도시에 항해 학교를 세웠습니다. 또 천문대에 항해학과 지도학의 연구소를 설치하고, 많은 사람을 모아 항해에 관하여 연구하였습니다.

왕자 자신은 항해에 직접 나서지 않았으나 이 학교의 졸업생 선원들로부터 보고를 받아 여러 가지 배의 모양이나 돛 등의 장치를 개량했습니다. 또한 어느 방향에서 바람이 불어와도, 돛만을 이용하여 목적지에 배가 무사히 닿을 수 있는 방법 등을 생각해 냈습니다.

그때까지 뱃사람들은 교육을 받지 못하였으나, 사그레스에 항해 학교가 세워지고부터는 교육을 받은 사람이 뱃사람의 중심이 되었습니다. 교육을 받은 뱃사람들은 나침반을 이용하여 방위를 알아 내거나, 밤에는 북극성, 낮에는 태양을 관측하여 자기 배의 위치를 알아 낼 수가 있게 되었습니다.

지금의 모로코 근처에 난곶이라는 곳이 있었습니다. 유럽인들은 이 난곶으로부터 남쪽 바다는 항해한 일이 없었습니다. 그 까닭은 난곶을 넘으면 바다는 열로 끓고, 사람은 당장 검게 타 버려 두 번 다시 고향에 돌아올 수 없다고 굳게 믿고 있었기 때문입니다. 또한 아프리카의 사막이 남쪽으로 끝없이 연결되어 있어 아프리카의 남쪽을 통해서는 동양으로 갈 수 없다고 생각하고 있었습니다.

그러나 엔리케 왕자는 인도로 가는 길을 개척하기 위해 몇 차례나 탐험대를 보냈습니다. 1434년, 마침내 기리아네스라는 에스파냐 사람 선장이 이 마의 곳을 넘고, 다시 남쪽 연안까지 확인하고 왔습니다. 이 항해의 성공으로 모든 미신을 타파했다고 엔리케 왕자는 생각하게 되었습니다.

그 후 엔리케 왕자는 계속 남쪽으로 탐험대를 보냈습니다. 사람들은 엔리케 왕자를 '항해왕'이라 불렀습니다. 포르투갈에서는 어린아이들도 엔리케 왕자에 대해 잘 알고 있었습니다. 그러나 엔리케 왕자는 인도 항로의 개척을 보지 못하고 1460년에 그 일생을 마쳤습니다.

그 후 엔리케 왕자의 꿈을 포르투갈의 항해자들이 이어받았습니다. 1488년, 포르투갈의 바르톨로뮤 디아스가 아프리카 최남단의 곳을 발견하였습니다. 디아스의 배가 폭풍으로 떠내려가 이 곳을 발견한 것입니다. 돛대는 꺾이고 돛은 찢어졌으나, 그 자신은 다시 동쪽으로 배를 몰아 인도로 가는 항로를 확인하길 원했습니다. 그러나 선원들의 반대로 되돌아왔습니다.

그는 이곳을 폭풍 속에서 발견한 곳이라고 하여 '폭풍의 곳'이라 이름 붙였습니다. 그런데 포르투갈로 돌아와 국왕에게 보고하자,

과학성적 끌어올리기

왕은 즉시 '희망봉'이라 이름 붙였습니다. 1498년에는 포르투갈의 바스코 다 가마가 희망봉을 돌아, 드디어 인도에 당도했습니다. 엔리케 항해왕이 평생을 건 꿈이 마침내 실현된 것입니다.

페르디난드 마젤란 (에스파냐, 1480?~1521)

1519년 8월 10일, 270여 명의 탐험대원을 태운 5척의 범선이 에스파냐의 한 항구를 떠나 대서양의 서쪽을 향하여 출범했습니다. 선대의 대장은 페르디난드 마젤란이었습니다.

서쪽으로 항해한 지 2개월이 지나, 남아메리카 대륙의 동쪽 해안에 도착했습니다. 마젤란은 이곳에서 남쪽으로 내려간다면 어디엔가 끊어진 곳이 있어 동양으로 갈 수 있을 것이라 생각한 것입니다.

그러나 아무리 내려가도 끊어진 곳이 발견되지 않았습니다.

마젤란은 철수하자는 대원들을 설득하여 전진하였습니다. 그러나 태풍을 만나 산티아고 호가 침몰하였고, 더욱이 남반구의 냉엄한 추위와 싸워야만 했습니다.

만에서 겨울을 보낸 후, 4척이 된 선대는 다시 남쪽으로 나아가기 시작했습니다. 며칠 후 파수를 보던 대원이 한 수로를 발견하였습니다.

대원들은 환성을 올렸습니다. 바로 이 수로가 지금의 '마젤란 해협'이라 불리는 해협입니다. 그런데 해협의 중간에서 산 안토니오 호는 도망쳐 에스파냐로 돌아가 버렸고, 또 한 척의 배는 바다에 가라앉았으며, 선장들의 반란도 일어났습니다. 마젤란은 곧 반란을 진압하고 계속 항해하였습니다. 3척의 배가 해협을 넘자, 넓은 바다가 펼쳐져 있었습니다. 마젤란은 이 바다를 '태평양'이라 이름 붙였습니다. 끝없이 푸른 바다는 하늘과 이어지고, 대원들의 식량도 점점 줄어들었습니다. 이렇게 태평양을 나아가기 98일, 마리아나 제도의 한 섬에 도착하였습니다. 마젤란은 이곳에서 장작과 물을 싣고 필리핀 세부 섬으로 갔습니다.

그런데 섬사람들의 사소한 분쟁에 말려든 마젤란은 화살에 맞아 죽었습니다.

1521년 4월 27일, 아직 41세의 한창 때였습니다.

마젤란을 잃은 대원들은 빅토리아 호에 타고, 아프리카의 남쪽 끝을 돌아 에스파냐의 항구로 돌아왔습니다.

마침내 최초의 세계 일주 항해를 완수한 것은 1522년 9월 6일이

었습니다. 마젤란의 노력으로 지구가 둥글다는 것이 처음으로 입
증된 것입니다.

크리스토퍼 콜럼버스 (이탈리아, 1451~1506)

크리스토퍼 콜럼버스는 이탈리아의 항구 도시인 제노바에서 직
조공의 아들로 태어났습니다. 유럽에서도 손꼽히는 제노바는 베니
스와 더불어 지중해 항로의 중심지를 이루고 있었습니다. 제노바
는 크리스토퍼 콜럼버스가 태어나기 5백여 년 전부터 번성한 무역
항구였습니다. 크리스토퍼 콜럼버스는 수평선 너머에 있을 미지의
세계를 탐험하는 훌륭한 항해가가 되기로 결심하고 지리학과 천문
학을 공부하기 시작했습니다.

콜럼버스는 가톨릭 신자이면서도 지구가 둥글다는 것을 굳게 믿
어, 서쪽으로 계속 항해하면 동양에 도착할 수 있다고 확신하였습
니다. 그리고 항해 자료를 바탕으로 계획을 세웠습니다. 콜럼버스
는 항해왕으로 이름 높았던 엔리케 왕자의 영향을 많이 받아 포르
투갈의 리스본으로 건너갔습니다. 콜럼버스는 1479년에 결혼하였

과학성적 끌어올리기

습니다. 그런데 그의 장인이 선장이었기 때문에 콜럼버스는 해도 제작에 종사하였습니다. 그는 수학자 토스카넬리에게 지도를 구해 연구한 결과 서쪽으로 항해하면 인도에 도달할 수 있다는 확신을 굳히고 오랜 연구와 계획을 포르투갈 국왕에게 설명하였습니다. 그러나 국왕에게 거절당해 에스파냐로 건너갔습니다. 그리고 그 곳에서 이사벨라 여왕의 도움을 받아 탐험 길에 오르게 되었습니다.

콜럼버스는 우선 산타마리아 호, 핀타 호, 니냐 호 등 3척의 배를 구했습니다. 산타마리아 호는 길이 30m의 범선이고, 나머지는 작은 범선이었습니다.

1492년 8월 3일, 드디어 3척의 범선에 120명의 사람을 태우고 팔로스의 한 항구를 출발하였습니다. 항해를 하는 동안 사나운 파도와 낯선 풍토 등 수없이 많은 적을 만났습니다. 이러한 모든 어려움을 이겨 내고, 팔로스를 떠난 지 69일 만인 1492년 10월 12일, 아직 아무도 온 적이 없는 새로운 육지에 닿을 수가 있었습니다. 이곳은 현재 바하마 제도의 한 섬입니다. 이어 쿠바와 히스파니올라에 도달하였습니다. 콜럼버스는 이곳을 인도의 일부라고 생각하고, 히스파니올라 섬에 약 40명을 남겨 놓았습니다. 콜럼버스는 그 사이에 파손과 사이가 나빠져, 이듬해인 1493년 3월에 귀국

하였습니다.

17척의 배에 1500명을 태운 대선단에 의한 제2회 항해는 콜럼버스의 선전에 따라 금을 캐러 가는 사람들이 대부분이었습니다. 항해를 시작한 지 50일쯤 지나 선단은 무사히 서인도에 도착하였습니다. 콜럼버스는 도미니가 섬이니 푸에르토리코 섬 등 새로운 섬들을 차례로 발견하면서, 앞서 항해 때의 선원들이 남아 있는 히스파니올라에 도착하였습니다. 그러나 선원들 모두가 전멸하고 없었습니다. 2차 항해를 마치고 돌아왔을 때, 콜럼버스는 인디언을 학대했다는 죄로 문책을 받기도 하였습니다.

제3회 항해에서는 트리니다드와 오리노코 강 하구를 발견하였습니다. 그러나 히스파니올라에서 일어난 내부 반란으로 그의 행정적 무능이 문제가 되어 본국으로 송환되었습니다.

얼마 후 죄가 풀린 콜럼버스는 또다시 항해를 하였습니다. 이것이 제4회 항해입니다.

콜럼버스는 유럽인으로는 처음으로 남아메리카 대륙을 발견하였습니다. 그러나 콜럼버스는 그것이 아메리카 대륙인 줄을 모르고, 역시 인도의 섬들 중 하나로 굳게 믿었습니다. 콜럼버스는 가난하게 살다가 1506년 5월 20일 쓸쓸히 죽어 갔습니다. 콜럼버스가 죽은 후에, 아메리고 베스푸치라는 이탈리아 사람이 포르투갈 왕의 부탁을 받고 항해를 떠나 남아메리카의 베네수엘라에서부터 브라질까지 갔습니다. 그리고 그 곳이 아시아가 아닌 다른 대륙이라는 것을 알아냈습니다.

그 후 아메리고의 이름을 따서 아메리카라고 불리게 된 것입니다.

위대한 지구과학자가 되세요.

과학공화국 법정시리즈가 10부작으로 확대되면서 어떤 내용을 담을까를 많이 고민했습니다. 그러나 많은 초등학생들과 중고생 그리고 학부형들을 만나면서 서서히 어떤 방향으로 시리즈를 써야 할지가 생각이 났습니다.

처음 1권에서는 과학과 관련된 생활 속의 사건에 초점을 맞추었습니다. 하지만 권수가 늘어나면서 생활 속의 사건을 이제 초등학교와 중고등학교 교과서와 연계하여 실질적으로 아이들의 학습에 도움을 주는 것이 어떻겠냐는 권유를 받고, 전체적으로 주제를 설정하여 주제에 맞는 사건들을 찾아내 보았습니다. 그리고 주제에 맞춰 사건을 나열하면서 실질적으로 그 주제에 맞는 교육이 이루어질 수 있도록 하는 방향으로 집필해 보았지요.

그리하여 초등학생에게 맞는 여러 지구과학의 주제를 선정해 보

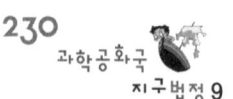

았습니다. 지구법정에서는 지구, 태양계, 우주, 바다, 날씨, 화석과 공룡 등 많은 주제를 각권에서 사건으로 엮어 교과서보다 재미있게 지구과학을 배울 수 있도록 하였습니다. 부족한 글 실력으로 이렇게 장편시리즈를 끌어오면서 독자들 못지않게 저도 많은 것을 배웠습니다. 가장 힘들었던 점은 어려운 과학적 내용을 어떻게 초등학생 중학생의 눈높이에 맞추는가 하는 것이었습니다. 이 시리즈가 초등학생부터 읽을 수 있는 새로운 개념의 지구과학 책이 되기 위해 많은 노력을 기울여 봤지만 이제는 독자들의 평가를 겸허하게 기다릴 차례가 된 것 같습니다.

한 가지 소원이 있다면 초등학생과 중학생들이 이 시리즈를 통해 지구과학의 많은 개념을 정확하게 깨우쳐 미래에 훌륭한 지구과학자가 많이 배출되는 것입니다. 이런 희망은 항상 지쳤을 때마다 제게 큰 힘을 주었습니다.